HEYNE BÜCHER

SACHBUCH

Lucien Braun

Paracelsus

Alchimist, Chemiker und Erneuerer
der Naturheilkunde

Aus dem Französischen
von Katharina Biegger

WILHELM HEYNE VERLAG
MÜNCHEN

HEYNE SACHBUCH
Nr. 19/273

Die französische Originalausgabe erschien 1988
unter dem Titel »PARACELSE«
im René Coeckelberghs Verlag, Luzern

Bearbeitung der Taschenbuchausgabe:
Michael Backes

Leicht gekürzte Taschenbuchausgabe
im Wilhelm Heyne Verlag GmbH & Co. KG, München

Printed in Germany 1993
Umschlagillustration: Bildarchiv Preußischer Kulturbesitz, Berlin / P. Sontmann
Umschlaggestaltung: Atelier Adolf Bachmann, Reischach
Herstellung: H + G Lidl, München
Satz: Fotosatz Völkl, Puchheim
Druck und Verarbeitung: RMO, München

ISBN 3-453-07024-0

Inhalt

Ein Mann in schwieriger Zeit

I. Ein erstaunlicher Mensch ... 7
II. Ein unstetes Leben ... 14
III. Ein ungewöhnliches Schicksal ... 22

Paracelsische Grundanschauungen

I. Die staunenerregende Natur ... 37
II. Eine Philosophie des Unsichtbaren ... 51
III. Die Natur in ihrem Lichte ... 59
IV. Die Fülle der Zeichen ... 69
V. Das Ringen um das treffende Wort ... 80
VI. Der unergründliche Grund ... 87

Einblick in Paracelsus' Denkwelt

I. Das Amt des Alchimisten ... 97
II. Das Gestirn ... 104
III. Die Zeit und der *astrologus sagax* ... 115
IV. Die Natur des Menschen ... 129
V. Imagination und Magie ... 143
VI. Der Gesunde und der Kranke ... 159
VII. Der Arzt und das Heilmittel ... 174

Anstoß zum Weiterdenken

Plädoyer für eine geduldige Lektüre ... 189
Die paracelsische Aufforderung ... 192
Der Text ... 195

Anmerkungen ... 199
Personenverzeichnis ... 201
Zeittafel ... 207
Bibliographie ... 213
Bildnachweis ... 213

Bildnis des Paracelsus im 47. Lebensjahr, ein Stich von Augustin Hirschvogel, 1540.
Es existieren nur zwei gesicherte Porträts von Hohenheim, die beide von Augustin Hirschvogel gefertigt wurden.

Ein Mann in schwieriger Zeit

I. Ein erstaunlicher Mensch

»Ich hab' die Summa der Bücher ins Sankt-Johannis-Feuer geworfen, auf daß alles Unglück mit dem Rauch in die Luft gehe.« (VIII, 58)

»Ich sage euch: Meine Schuhschnallen sind gelehrter als euer Galen und Avicenna, und mein Bart hat mehr erfahren als alle euren Hohen Schulen!« (VIII, 65)

Paracelsus. Ein magischer Name, der die Geschichte des modernen Denkens durchzieht. Ein Name, an dem sich die Geister scheiden. Ein Name, der niemanden gleichgültig läßt.

Das Schicksal kündigt sich im voraus schon an: »Nach meinem Tod will ich mehr gegen euch ausrichten dann zuvor. Und wenn ihr auch meinen Leib freßt, so habt ihr bloß Dreck gefressen: Der Theophrastus wird auch ohne Leib mit euch kriegen!« (VIII, 201)

Tatsächlich ist Paracelsus immer noch da: um Fragen zu stellen, um aufzufordern, um zu beunruhigen und um aufzustören.

Er findet Widerhall bei Giordano Bruno, bei G. W. Leibniz, J. W. Goethe und, uns zeitlich näher, bei C. G. Jung. Man werde heute diesem außerordentlichen Manne gerechter als in einer früheren Zeit, meint Goethe in der *Farbenlehre.* Ist es wahr? Bleibt Paracelsus heute nicht ebenso wie gestern umstritten?

Der verblüffende Wortschatz, der von Sylphen und Elementen spricht, der befremdliche Text, der von *Astrum* und *Archeus* handelt, die wuchernde Satzbildung, die Unerhörtes auszudrücken sucht, das aus der Norm fallende Schicksal eines Menschen, der sich nirgends niederlassen konnte – ist all dies heute wirklich besser aufgenommen als vor vier Jahrhunderten?

Wie soll man überhaupt diesem außerordentlichen Mann begegnen, wie soll man ihn verstehen? Er spricht selbstverständlich von der Medizin, aber auch von der Philosophie, der Religion, der Alchimie, vom Menschen und den Elementen, von Signaturen und

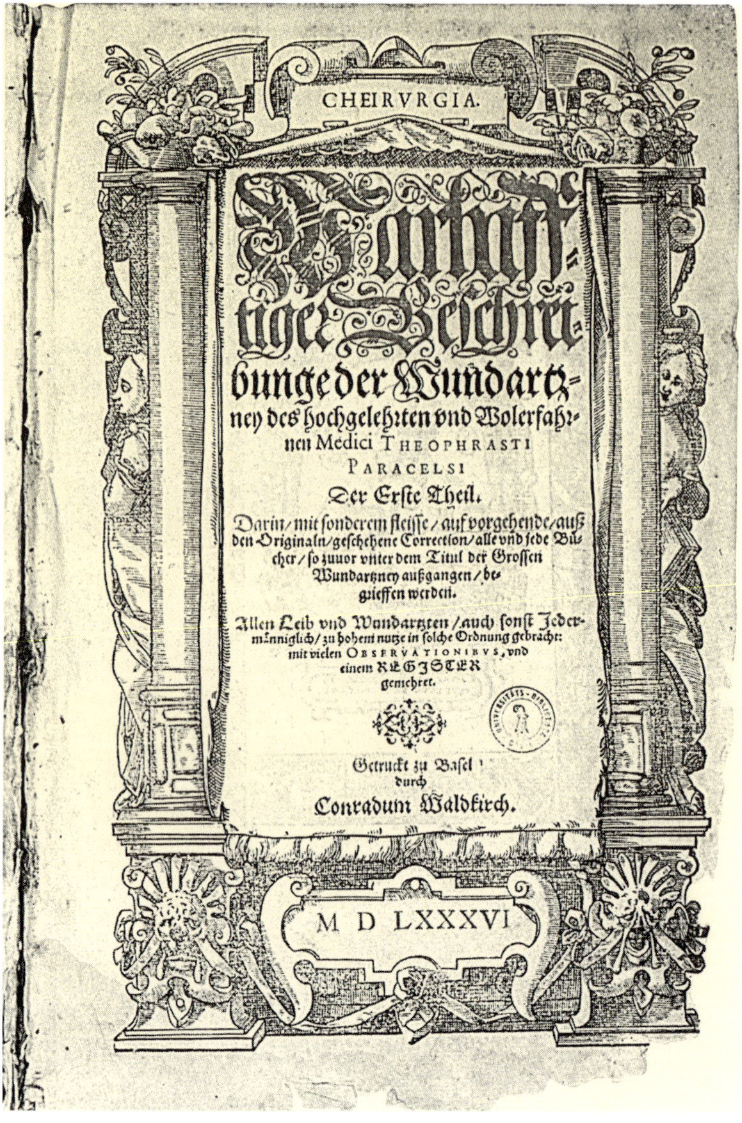

CHEIRVRGIA.

Warhaff-
tiger Beschrei-
bunge der Wundartz-
ney des hochgelehrten vnd Wolerfah-
ren Medici THEOPHRASTI
PARACELSI

Der Erste Theil.

Darin/ mit sonderem fleisse/ auf vorgehende/ auß
den Originaln/ geschehene Correction/ alle vnd jede Bü-
cher/ so zuuor vnter dem Titul der Grossen
Wundartzney außgangen/ be-
griffen werden.

Allen Leib vnd Wundartzten/ auch sonst Jeder-
männiglich/ zu hohem nutze in solche Ordnung gebracht:
mit vielen OBSERVATIONIBVS, vnd
einem REGISTER
gemehret.

Getruckt zu Basel
durch
Conradum Waldkirch.

M D LXXXVI

Titelblatt von Paracelsus' »Großer Wundarznei« in einer stattlichen Ausgabe, die 1586 beim Basler Drucker Conrad Waldkirch erschien. Waldkirch druckte wenige Jahre später auch eine erste Gesamtausgabe der medizinischen Schriften von Hohenheim.

Bedeutende Philosophen und Schriftsteller, die sich von Paracelsus und seinen Gedanken anregen ließen: links oben der Deutsche Gottfried Wilhelm Leibniz (1646–1716), rechts der Italiener Giordano Bruno (1548–1600) und rechts oben der Engländer Ben Jonson (1572–1637).

Nymphen; er spricht vom Ganzen der Welt und der Natur noch vor der Aufsplitterung in Einzeldisziplinen, wie wir sie heute kennen.

Wir werden – falls die Begegnung überhaupt gelingt – einem Menschen mit einem unruhigen Leben begegnen, einem leidenschaftlichen, umgetriebenen, erleuchteten Mann. Er sei wie ein Vulkanausbruch, wie ein Sturmwind, sagt C. G. Jung, man könne ihn immer nur unter- oder überschätzen.

Berühmte Zeitgenossen: Links: Martin Luther (1483–1546) leitet 1517 in Wittenberg die Reformation ein.

Rechte Seite von links nach rechts: Der Astronom Nikolaus Kopernikus (1473–1543) entwirft aufgrund seiner Messungen und Berechnungen das heliozentrische Weltbild. Der Nürnberger Albrecht Dürer (1471–1528) gilt schon zu Lebzeiten als größter deutscher Maler seiner Epoche. Leonardo da Vinci (1452–1519), universal gebildeter Renaissancemensch, tut sich hervor als Maler, Bildhauer und Architekt wie als Ingenieur oder Forscher. Unter der Leitung des Reformators Huldrych Zwingli (1484–1531) geht Zürich als erste eidgenössische Stadt zum protestantischen Glauben über.

Seien wir also auf der Hut. Bereits der Name des Paracelsus birgt Rätsel; sprechen wir ihn ganz aus, und wir vernehmen, was geheimnisvoll darin mitschwingt: Philippus Aureolus Theophrastus Bombastus von Hohenheim, genannt Paracelsus! Daß ein Jakob Berg sich *Montanus* nennen läßt und ein Georg Bauer *Agricola,* erstaunt uns nicht. *Paracelsus* aber klingt anders, zumal wenn wir es in Verbindung setzen mit *Paragranum* und *Paramirum,* den Titeln von zweien seiner Bücher. Staunenswerter Mann, in einer derart stürmischen, bewegten Epoche geboren! Luther lebt zur gleichen Zeit, und Kopernikus macht seine Entdeckungen. Alles bewegt sich; verloren ist die Sicherheit der mittelalterlichen Welt. Wie ist wiederum Fuß zu fassen?

Paracelsus sucht nach neuer Verankerung. Er behauptet, ins Innerste der Dinge zu blicken und sie bis in ihre Wurzeln zu durchforschen, um wieder festen Grund zu gewinnen. Überdimensionale Aufgabe – die Tatkraft eines Lebens wird dazu nicht genügen!

Von diesem Leben wissen wir nicht viel: einige lückenhafte Daten, die zu keiner ordentlichen Biographie ausreichen. Ist kleinliches Forschen nach unbedeutenden Einzelheiten denn überhaupt zweckdienlich? Es spricht doch das Werk, und wo das Werk spricht, spricht Paracelsus selbst.

Es ist ein ganzheitliches, umfassendes Denken, schwer zugänglich und verwirrend. Voreilig werden wir verleitet, nach heute geläufigen Begriffen uns Bezirke herauszutrennen und isoliert zu bearbeiten. Besser richten wir unser Augenmerk darauf, wie sich in Paracelsus' Werk Ethik, Naturphilosophie und Alchimie innig verschränkt finden! Nicht, daß sie zusammengefaßt, d. h. wieder aneinandergereiht würden, nachdem sie zuvor in je eigener Ausprägung aufgefächert waren, sondern sie bilden ein tief einheitliches Ganzes. *Wir* sind es, die Unterscheidungen treffen; und indem wir derart Grenzen legen, entziehen wir jedem Bezirk seinen Grund, denn es gibt nur *einen* Grund.

Ist Paracelsus seiner eigenen Vorhersage gemäß heute wirklich hier, um den Kampf auszutragen? Wie ist er auf diese und auf jene Seite gezerrt worden! Selbst die Politik versuchte ihn für sich zu beanspruchen. Er teilt mit Nietzsche und Heidegger das Schicksal, daß seine Gedanken in empörender Weise verdreht, mißbraucht wurden, ohne daß man im übrigen wußte, wie Vorurteil und Vorbehalt stets neu entstehen:

Was ist also zu tun? Lassen wir nicht die Hände in den Schoß sinken, sondern machen wir uns bereit, in aller Geduld zu hören. Die Botschaft ist nicht leicht zu vernehmen, denn die ursprünglichen Schriften von Paracelsus sind in Bruchstücken überliefert, in tendenziösen Übersetzungen oder vermischt mit allen jenen Schriften, die ihm im Laufe der Zeit fälschlicherweise unterschoben wurden.

Mit dem Bau des Petersdomes in Rom beginnen die Renaissance-Päpste ein kostspieliges Unternehmen, das u. a. durch Ablaßgelder aus Deutschland finanziert werden soll. Das mißbräuchliche römische Ablaßgeschäft ruft die harsche Kritik Luthers hervor und wird so zu einem der Auslöser der Reformation.

Zwei bedeutende deutsche Denker, die sich mit dem Werk von Paracelsus befaßten: links Johann Wolfgang Goethe (1749–1832) und rechts Carl Gustav Jung (1875–1961).

Sie sind auch verquickt und verlängert mit unübersehbarem Kommentar und Kommentaren des Kommentars – insgesamt ein außergewöhnliches Gemenge von zahllosen verschiedenen, immer widersprüchlichen Textstücken. Irrtümer und Verstiegenheiten repetieren sich unaufhörlich und ersticken in ihrer Masse die richtigen Beobachtungen. So muß sich die Botschaft, wenn wir geneigt sind, ihr zu lauschen, aus dem zähen Brei von Urteilen und Meinungen, Schwärmereien und Verdammungen, Authentischem und Gefälschtem herausheben. Es gilt sie zu entdecken, als wollten wir mitten in einem lärmenden Getöse ein melodisches Motiv aufspüren und verfolgen.

Machen wir uns auf zu vernehmen, was sich durch die übermenschliche Kraftanspannung eines staunenswerten Mannes von weither anzeigt und immer wieder zu Gehör bringen will, tausend Hindernissen zum Trotz. Das verlangt, daß wir aufmerksam werden auf das immer Wesentliche, *lauschen,* um Paracelsus' eigenen Ausdruck aufzugreifen. Denn noch heute können wir in seinem Werk, so fremd und oft schwierig es scheinen mag, durch diese fernen Zeichen hindurch einen Gewinn finden, der nicht derjenige der Gelehrsamkeit ist. Versuchen wir es.

II. Ein unstetes Leben

»Stark verachtet werde ich darum, daß ich meiner Lebtag nie einen Ort des Bleibens hatte, da ich nicht hinter dem Ofen gesessen bin und Birnen gebraten habe.« (X, 224)

»Wenn einer viele Krankheiten kennenlernen will, soll er reisen; wenn er weit reist, wird er viel erfahren und viel erkennen.« (XI, 142)

Paracelsus wurde vermutlich im Jahr 1493 in Einsiedeln geboren, inmitten von Wäldern und Pilgern. Wie die Sage geht, kam er am Eingang des Fleckens gleich neben der Teufelsbrücke zur Welt. Man weiß, daß er sehr früh Halbwaise wurde; und als er ungefähr acht Jahre zählte, zog sein Vater, ein Arzt, mit ihm von Einsiedeln weg nach Villach in Kärnten und übernahm dort das Amt eines Stadtarztes. Schließlich weiß man, daß Theophrast schon in jungen Jahren die Absicht zeigte, seinerseits Mediziner zu werden. Diese Berufung sollte nachhaltigen Einfluß auf sein ganzes Leben und Denken ausüben.

In seinen autobiographischen Schriften erzählt Paracelsus, der Vater sei sein erster Lehrer gewesen (der ihn, wie er hinzufügt, auch nie verlassen habe), nach ihm habe er eine stattliche Reihe anderer Lehrmeister gehabt. Wir tun gut daran, diese Aussage nicht allzu schulmäßig-akademisch zu verstehen, etwa in der Art eines Unterrichtes *ex cathedra.* Paracelsus dürstet nach Erkenntnis und hört begierig auf alle, die irgend etwas »wissen«. Für ihn hat »Wissen« besonderen Sinn und Bedeutung (wir werden später eingehender untersuchen, was er darunter versteht): Vorrangig sind die verborgenen Tiefen der Dinge zu ergründen, die Mysterien Gottes und der Natur – der Natur zunächst. Sie liegt im Brennpunkt seines Denkens.

Er trifft im Verlaufe seiner endlosen Wanderschaft auf Alchimisten, Heilpraktiker, Vagabunden, Bergleute, auch auf Zauberer und Barbiere, Bauern und alte Frauen mit ihren Heilmitteln, er trifft auf Schwindler und Gelehrte. Er lernt von jedem. Er lernt von allen, die, auf welche Art auch immer, den geheimnisvollen Grund der Dinge bezeugen. Er lernt von jenen, in deren Handeln er eine enge Verbundenheit mit der Natur ahnt. Er kannte in der Tat viele Lehrmeister!

Diese unbändige Wißbegierde zeigt auch an, daß ihm soziale Klassenunterschiede wenig gelten. Seine Sympathie für einfache,

Dieses in Salzburg erhaltene Ölbildnis aus dem Jahre 1491 gilt als Porträt des Vaters, des Arztes Wilhelm Bombast von Hohenheim (um 1460–1534).

bedürftige, unterprivilegierte Leute, für das Volk, verbirgt er nicht. Man glaubt zu wissen, daß er Anfang der 1520er Jahre für die Sache der Bauern eintrat und daß ihm diese Parteinahme gar Unannehmlichkeiten eintrug. Nichts Menschliches bleibt ihm fremd, nicht etwa aus Mitleid, sondern dank einer überraschenden Einsicht in die Bedingtheit des Menschen, der ohne Sicherheit der *Notdurft* (ein oft wiederkehrender Begriff) ausgesetzt ist.

Die Reichen und Mächtigen bedürfen keiner Hilfe; sie werden geschützt durch die herrschenden Strukturen. Sie verdrehen in ihrer Überheblichkeit die gottgewollte Ordnung. Paracelsus weigert sich, sich ihren Spielregeln zu unterziehen. Die Konvention mißfällt ihm, und er ist blind dafür. Doch wird ihn diese Blindheit teuer zu stehen kommen: Die Vornehmen, die sich von Grund auf sowohl durch seine Vorhaben wie durch sein Auftreten geschmäht fühlen, schenken ihm nichts. Die brüske Verwerfung der gesellschaftlichen Konventionen trägt unvermeidlich dazu bei, sein Leben rauh und wenig harmonisch zu gestalten; die angenehme Sicherheit der Integration bleibt ihm vorenthalten. Er aber hat Augen nur für die Natur, die sich ohne Konventionen und ohne Heuchelei kundtut. Sie erniedrigt niemanden – nein, im Gegenteil.

Den Reichen, den Mächtigen, den neidigen Zunftgenossen zahlt er die Verachtung mit gleicher Münze heim und bedient sich dazu keiner zimperlichen Sprache. Viele mögen das heute bedauern, viele stoßen sich daran. Wie aber sollte man zu seiner Zeit anders sprechen, vorausgesetzt, man sei nicht Erasmus, der Allzu-Höfliche?

Doch folgen wir Paracelsus nach Ferrara, wo er ohne tiefere Befriedigung Medizin studiert. Bald kehrt er Büchern und Universitäten den Rücken, um sich endgültig der »Erfahrung« zuzuwenden. Wir stoßen hier auf einen nicht leicht zu erörternden Begriff. Er spricht ausführlich von der Erfahrung in seinem *Labyrinthus medicorum errantium.* Von heutigem naturwissenschaftlichem Experimentieren ist sie so weit entfernt, daß wir uns davon nicht leicht eine Vorstellung machen können. Wir werden auf diesen Punkt zurückkommen müssen und erläutern, wie die Natur selbst in ihm zu leuchten, ihn zu erleuchten beginnt.

Er durchstreift Gegenden und Länder, stets auf der Suche – aber wonach? Er bleibt immer ungesättigt, schreibt ohne Unterlaß, erholt sich kurz; dann bricht er von neuem auf. Er ist allein, ganz allein. Selbst die Diener verraten ihn; er aber bleibt stolz und unabhängig. »Alterius non sit qui suus esse potest« – was für ein bemerkenswerter Wahlspruch: Wer die Kraft zur Selbständigkeit besitzt, der hüte sich, anderen anzugehören! Einem anderen angehören kann heißen, einer festgeschriebenen Lehre anzuhängen oder eine bestimmte Lebensweise nachzuahmen oder fremdem Willen ausgeliefert zu sein. Es gibt tausend Varianten, nicht »sich selbst« zu sein.

Gegen 1526 finden wir Theophrast von Hohenheim in der gastfreundlichen Stadt Straßburg, wo er das Bürgerrecht erwirbt. Ein Anzeichen, daß er sich hier niederzulassen und einzurichten gedenkt? Wohl kaum. Hätte Paracelsus sich jemals an einem Ort festmachen können? Weshalb aber ist er weitergezogen? Warum kommt er nach Basel? Dort behandelt er Johannes Froben und heilt ihn (wenn auch nur auf Zeit). Sein Ansehen nimmt daraufhin um so viel zu, wie Frobens Einfluß im Kreise der Humanisten wiegt: so viel, daß Paracelsus zum Stadtarzt und Professor ernannt wird. Er an der Universität, welche Provokation!

Schon seine Antrittsvorlesung stößt die Kollegen vor den Kopf. Sie wollen keinen seinesgleichen, der ihresgleichen nicht ist. Er lehrt in deutscher Sprache – es ist eines der ersten Male überhaupt, daß dies an einer Universität geschieht. Skandal! Er spottet der Titel, des Lateins, der öffentlichen Meinung, der Bücher und der galenischen Medizin; er will in der Sprache des Volkes eine Erfahrung weitergeben, die seiner eigenen praktischen Tätigkeit entnommen sein soll. 1527 verbrennt er auf einem denkwürdigen Johannisfeuer altüberlieferte medizinische Abhandlungen – eine Tat ganz nach seinem Temperament. Will er damit den Luther der zwanziger Jahre nachahmen? Es mag so scheinen, doch ist er kein Mann der Nachahmung. Mit Fug und Recht fühlt er sich selbst als Reformator der Medizin durch seinen Unterricht, durch seine neue Sichtweise, durch seine hervorragenden Anstrengungen, der Heilkunst ein Fundament zu errichten, endlich auch durch seine entschiedene Haltung. Auch wenn man ihn *Luther medicorum* genannt hat, darf dies doch kein Mißverständnis bewirken. Was aus ihm spricht, ist keines anderen: »alterius non sit ...«

Zielscheibe des Hasses seitens seiner Kollegen wie von einem Teil der Stadthonoratioren, muß er aus Basel fliehen. So ähnlich wird er immer fliehen müssen; das Drehbuch wiederholt sich mehr-

Das Haus unmittelbar rechts neben der über die Sihl führenden Teufelsbrücke ist – der Legende gemäß – der Geburtsort Hohenheims.

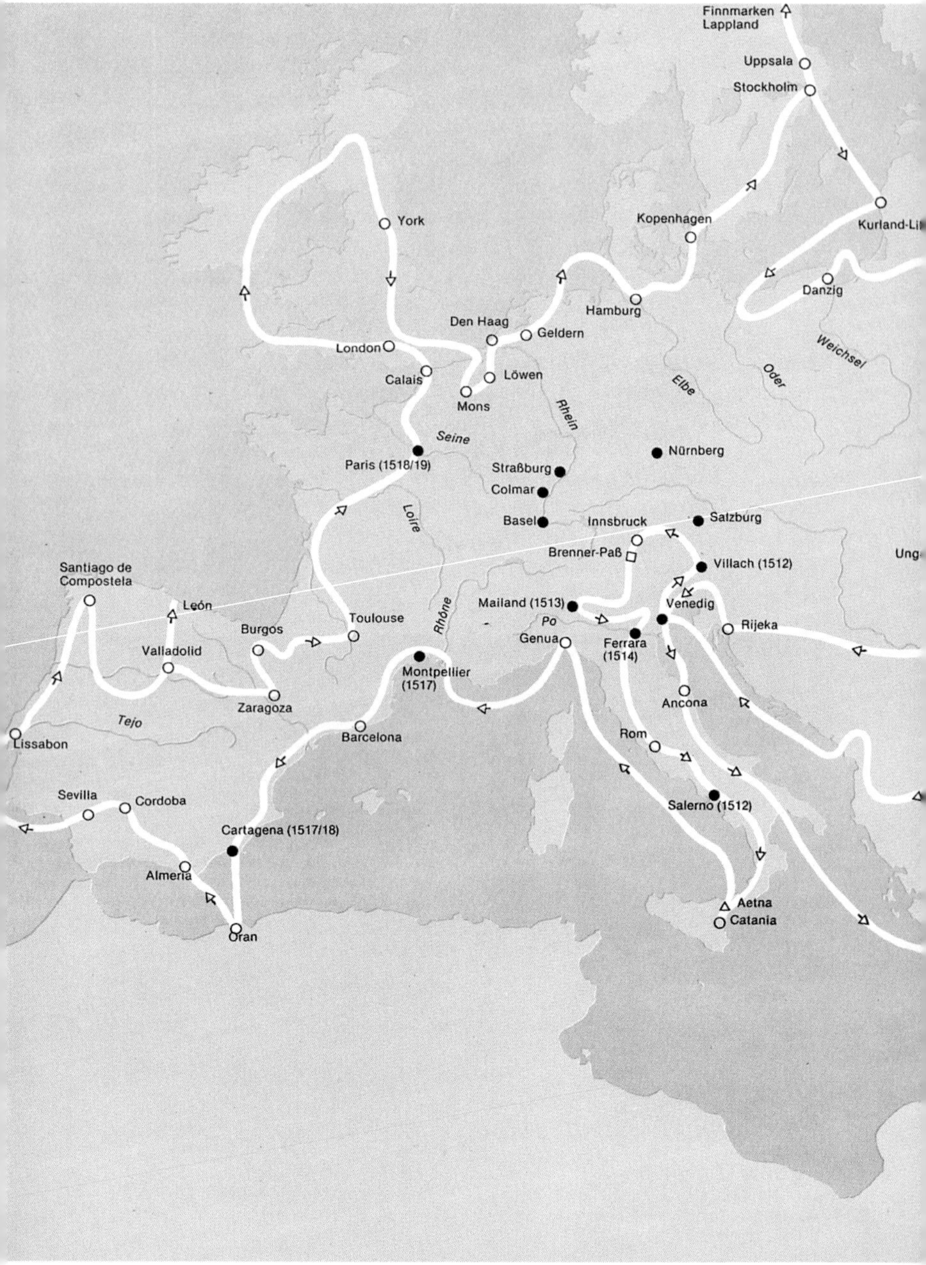

Finnmarken
Lappland
Uppsala
Stockholm
York
Kopenhagen
Kurland-Li
Danzig
Hamburg
Den Haag
Geldern
London
Calais
Löwen
Mons
Weichsel
Oder
Elbe
Rhein
Seine
Paris (1518/19)
Nürnberg
Straßburg
Colmar
Basel
Innsbruck
Salzburg
Loire
Brenner-Paß
Villach (1512)
Ung
Santiago de Compostela
León
Mailand (1513)
Venedig
Toulouse
Rhône
Po
Burgos
Genua
Ferrara (1514)
Rijeka
Valladolid
Montpellier (1517)
Zaragoza
Ancona
Tejo
Lissabon
Barcelona
Rom
Sevilla
Cordoba
Salerno (1512)
Cartagena (1517/18)
Almeria
Aetna
Catania
Oran

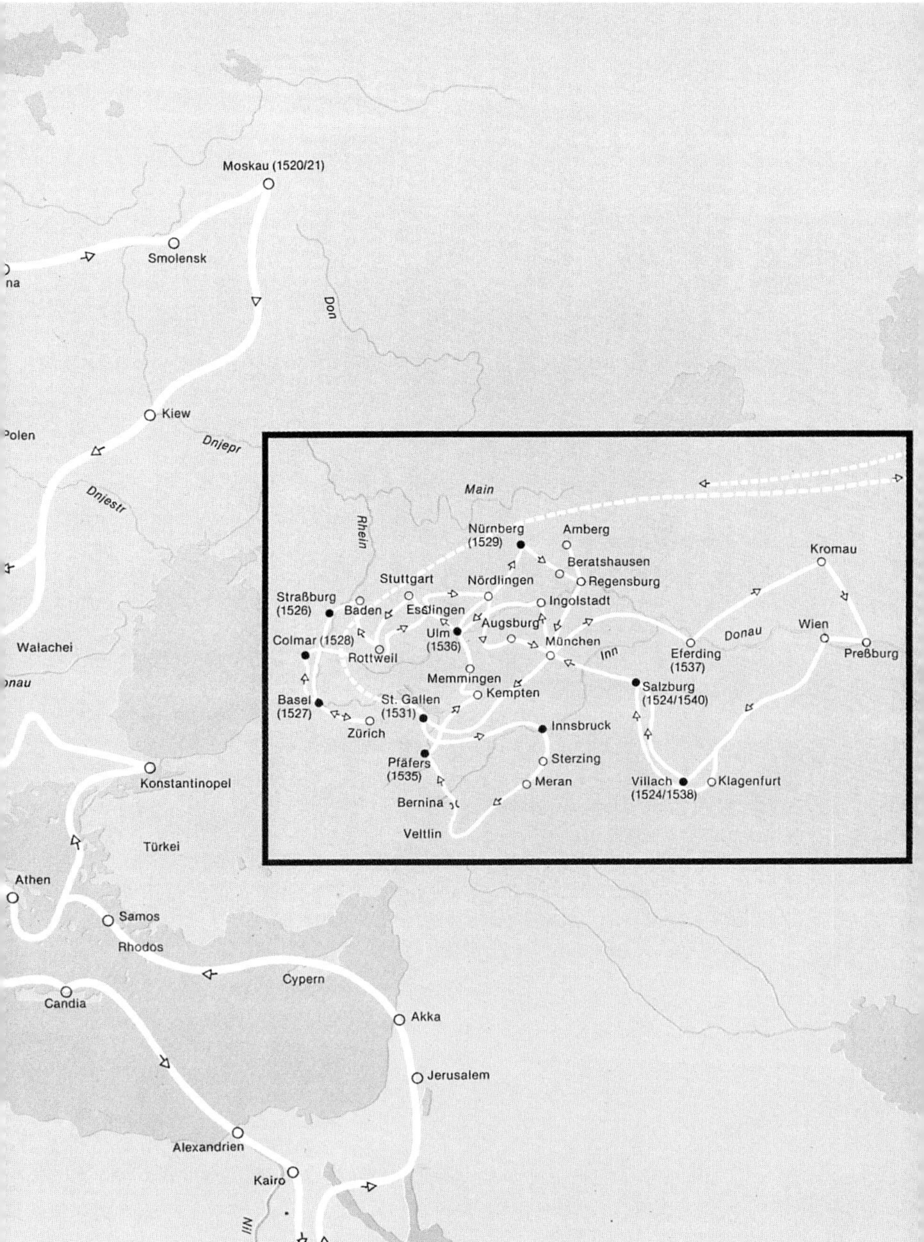
Moskau (1520/21)
Smolensk
Don
Kiew
Polen
Dnjepr
Dnjestr
Walachei
Konstantinopel
Türkei
Athen
Samos
Rhodos
Cypern
Candia
Akka
Jerusalem
Alexandrien
Kairo
Nil
Main
Rhein
Nürnberg (1529)
Amberg
Beratshausen
Regensburg
Kromau
Stuttgart
Nördlingen
Ingolstadt
Straßburg (1526)
Baden
Esslingen
Ulm (1536)
Augsburg
Colmar (1528)
Rottweil
München
Inn
Donau
Eferding (1537)
Wien
Preßburg
Memmingen
Kempten
Salzburg (1524/1540)
Basel (1527)
St. Gallen (1531)
Zürich
Innsbruck
Sterzing
Pfäfers (1535)
Meran
Villach (1524/1538)
Klagenfurt
Bernina
Veltlin

mals. Diese Unfähigkeit, zu bleiben und sich einzurichten, wird noch zu hinterfragen sein. Jedenfalls begegnen wir ihm wieder in Kolmar um 1528, in Nürnberg um 1529. Doch überall dauern die Auseinandersetzungen an: gegen die Gelehrten, gegen die galenische Medizin, gegen das Bücherwissen, gegen die Ausbeutung der Armen, kurz gegen alles, was ihm künstlich und konventionell ist. Umgekehrt ruft auf der anderen Seite seine Haltung ebenso große Ablehnung hervor: Die Schmähschrift, die 1527 an die Kirchentüren Basels angeschlagen wurde, überliefert den Tonfall.

Man greift ihn an, weil er die Ausbeutung anprangert: die Ausbeutung des Armen durch den Reichen, des Kranken durch den Apotheker, des Gläubigen durch die Kirche, des Volkes durch die Mächtigen usw. Auch macht er bekannt, daß es vergeblich sei, die Syphilis mit Guajakholz kurieren zu wollen – das trägt ihm zusätzliche, gewichtige Feindschaft ein. Denn wer handelt mit dem Guajakholz, wer zieht Gewinn daraus? Die allmächtigen Fugger! In der Folge haftet ihm ein weiterer Makel an. Die Fugger geben kein Pardon, und mit langem Arm werden sie die Publikation seiner Schriften zu verhindern wissen.

Paracelsus geht seinen abenteuerlichen Weg weiter. Es ist die Epoche des *Paragranum,* des *Paramirum,* der Abhandlungen über die *Unsichtbaren Krankheiten;* er streift Regensburg, Augsburg, Innsbruck, Ulm, Wien. Dann kehrt er nach Kärnten, schließlich nach Salzburg zurück. Wir können diese Stationen seines Weges erschließen, indem wir in den Vorreden und Widmungen seiner Schriften auf Orts- und Zeitangaben achten.

Er schreibt ohne Unterbrechung. Stets von neuem kommt er auf seinen Beruf zurück, beginnt auch zu predigen und die Psalmen zu kommentieren, ohne aber die Forschungstätigkeit im »Laboratorium« oder seine ärztliche Praxis zu vernachlässigen. Prinzen und Potentaten, die von hartnäckigen Krankheiten befallen sind, rufen ihn. Doch aller Erfolg ist unweigerlich mit Enttäuschungen vermengt, auch wenn Paracelsus vorübergehend Beschützer findet.

Vorhergehende Doppelseite: Paracelsus ist nie seßhaft geworden. Die in seinen Schriften auffindbaren Ortshinweise und die in Archiven erhaltenen Dokumente erlauben eine Skizzierung seiner Wanderungen. Paracelsus' »Große Wanderung« ist allerdings sehr ungewiß; als relativ gesichert dürfen jedoch die Reisestationen der »Kleinen Wanderung« (kleine Karte) gelten. (Die beiden Karten beruhen auf den Recherchen von Basilio de Telepnef, in: Paracelsus: Sämtliche Werke, *hrsg. von J. Strebel, St. Gallen 1944, Bd 1, S. 284–302.)*

Man muß seine *Sieben Defensiones* wieder lesen, wo er sich und sein unstetes Leben rechtfertigt, seine Erneuerung der Sprache, seine Heiltätigkeit, seine Sichtweise der Natur und der Dinge. Es ist ein wunderschöner Text, doch anders als etwa die Rede eines Mystikers, anders als Sebastian Franck oder Caspar Schwenckfeld. Der Natur zugewandt, hat Paracelsus die Länder durchstreift, hat Fragen gestellt und Beobachtungen gemacht. In täglicher Anstrengung hat er ein beachtliches Werk geformt, der hohen Aufgabe, die sich ihm stellte, voll bewußt. Ohne Selbstgefälligkeit vermittelt er seine Leidenschaft für feuriges Suchen und Streben, für die fast religiöse Hinwendung zur Natur und zu allem, was entsteht und wächst, reift und stirbt. Unbeteiligtes Wohlgefallen findet keinen Platz, da der Mensch selbst Natur und damit dem allgemeinen harten Kampf des natürlichen Werdens unterworfen ist.

1541 scheidet er aus dieser Welt, nicht ohne drei Tage zuvor sein Testament gemacht zu haben. Und was für ein Testament! Er gedenkt noch in den letzten Augenblicken seines Lebens der Armen. Auf dem Friedhof zu St. Sebastian in Salzburg wird er beigesetzt, wo noch heute seine sterblichen Überreste in einem Grabmal gleich neben der Kirchenvorhalle ruhen. Die Inschrift lautet: »Pax vivis – requies aeterna sepultis« (»Friede den Lebenden – ewige Ruhe den Toten«). Welche Botschaft *post mortem* für einen Mann, der sein Leben lang weder Ruhe noch Rast kannte!

III. Ein ungewöhnliches Schicksal

»Ich will es euch dermaßen erläutern und fürhalten, daß bis zum Letzten Tag der Welt meine Schriften bestehen und wahrhaft bleiben, während die euern voller Galle, Gift und Schlangengezücht gefunden werden, von den Leuten gehaßt wie die Kröten.« (VIII, 200)

»Nach meinem Tod werde ich mehr gegen euch ausrichten als zuvor.« (VIII, 201)

Wenige Autoren werden in gleichem Ausmaß mit Vorbehalt bedacht, bevor sie noch gelesen wurden – wobei nicht einmal geklärt ist, woher die sich stets erneuernden und fortzeugenden Vorurteile stammen. Die Texte müssen, ob echt oder unterschoben, herhalten für Schwärmerei wie für Ablehnung, um die gegensätzlichsten und verstiegensten Thesen zu belegen.

Sekundärliteratur von beträchtlichem Umfang ist so produziert worden. Woher rührt dieser Drang, von Paracelsus zu sprechen, ihn in Dienst zu nehmen? Was treibt immer wieder zu Wort und Feder? Es scheint ganz, als ob Paracelsus selbst, inmitten all der geräuschvollen Umtriebe, die rings um ihn veranstaltet werden, der Vergessene bliebe. Ein wunderliches Schicksal. Ist er nicht, obwohl fast legendär, einer der am meisten Verkannten? Gleichzeitig zu bekannt und verkannt – das ist Paracelsus.

Schon zu seinen Lebzeiten gilt: Je höher sein Ruhm steigt, desto mehr wird er bekämpft und verleumdet. Als die Apotheker ihn angreifen, antwortet er: »Die Apotheker sind mir auch feind, sagen, ich sei seltsam, wunderlich, niemand könne es mir recht tun (...). Ich schreibe kurze Rezepte, wenige und selten, nicht mit vierzig oder sechzig Ingredienzen; ich leere ihnen ihre Büchsen nicht und schaffe ihnen nicht viel Geld ins Haus. Das ist der Handel, weshalb sie mich verleumden. Nun urteile du selbst: Wem bin ich mehr schuldig, oder wem habe ich als ein Doktor geschworen? Dem Apotheker den Handel anzutreiben? Oder dem Kranken zu seinem Nutzen zu verhelfen?« (XI, 154)

Man klagt ihn an, ungehobelt zu sein, sich guter Sitte zu widersetzen, der Feinheit zu ermangeln. Er entgegnet: »Von Natur aus bin ich nicht subtil gesponnen, es ist auch nicht die Art meines Landes, daß man mit Seidenspinnen etwas erlange. Wir werden auch nicht mit Feigen großgezogen noch mit Met, noch mit Weizenbrot, sondern mit Käse, Milch und Haferbrot: Das kann keine subtilen

Übersetzung des lateinischen Lobspruches:

»Hier ist der, dem das Geheimnis der großen Welt bekannt war, und der mit der Kunst des Verstandes den Verstand geben konnte.«

Porträt von Paracelsus in den »Icones quinquaginta virorum illustrium« von Jean-Jacques Boissard von 1597/98, einem Katalog berühmter Männer. (Kupferstich von J. Th. de Bry)

Gesellen machen. Zudem hängt einem für alle Lebtage an, was man in der Jugend empfangen hat. Die ist nun halt nur fest grob sein gegen die Subtilen, Katzenreinen, Superfeinen. Denn diejenigen, die in weichen Gewändern und in Frauengemächern erzogen werden, und wir, die wir zwischen Tannzapfen aufwachsen, verstehen einander nicht wohl.« (XI, 151/152)

Man klagt ihn an, in einer Weise zu sprechen, die niemand verstehe. Er schreibt: »Mir wird vorgehalten, daß ich den Krankheiten neue *nomina* gäbe, die niemand kenne noch verstehe, warum ich denn nicht bei den alten *nominibus* bleibe? Wie könnte ich denn die alten *nomina* brauchen, die doch nicht aus dem Grund hervorgehen, aus dem die Krankheit entspringt? Sondern es sind nur Übernamen, die niemand wahrhaft weiß, ob er die Krankheit mit demselben Namen recht benenne oder nicht.« (XI, 135)

Man klagt ihn des ewigen Herumziehens an. Er entgegnet: »Mein Herumwandern, das ich bis jetzt hinter mich gebracht habe, hat mir viel genützt, da nämlich keinem der Meister im eigenen Haus wächst oder der Lehrer hinter dem Ofen. Ebenso sind die Künste auch nicht alle (...) in einem einzelnen Menschen oder an einem einzelnen Ort, sondern sie müssen zusammengeklaubt, gesucht und genommen werden, da wo sie sich befinden.« (XI, 141)

Er verteidigt sich als eigenständiger Mensch: »Verachtet aber meine Schriften nicht darum, daß ich allein bin, daß ich neu bin, daß ich deutsch bin!« (VIII, 201)

Ein starker, freier Mensch; eine Naturkraft, wie sie in der deutschen Literatur nicht ihresgleichen hat. Ein Genie, das in Armut lebte wie ein Heiliger – aber angefeindet von allen Seiten.

Nach seinem Tod bleibt Paracelsus denselben Widersprüchen ausgeliefert. Sobald wir uns mit ihm beschäftigen wollen, sehen wir uns von vorgefertigten Paracelsus-Bildern umstellt, die ihn unaufhörlich in fixe Raster pressen, ihn mit wechselnden und wider-

Oben: In Villach in Kärnten verbringt Paracelsus seine Jugendjahre; sein Vater ist hier Stadtarzt. Der Junge erhält in Klosterschulen seine Grundausbildung.
Frühzeitig kommt er auch mit praktischen Seiten der Naturerfahrung in Berührung: In der näheren Umgebung Villachs liegen zahlreiche Erzgruben und Metallverhüttungswerke, in deren Laboratorien er erste Kenntnisse in der Metallscheidekunst sammelt.

Unten: Urkunde der Stadt Villach, betreffend Leben und Tod des Vaters von Paracelsus, des »ehrbar, wolgelehrt, und berüembte Wilhelm Bombast von Hohenhaim, der Arzney Licenciat«.

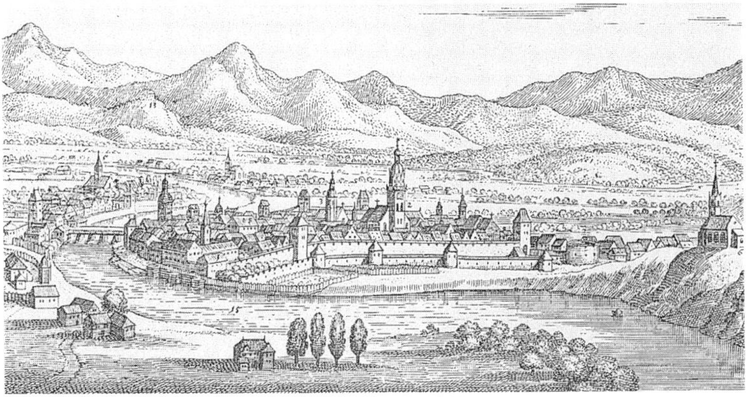

Urkund
Der Statt Villach von des Theo-
phrasti seines vatters leben und
absterben.

Wür Ritter, Räth, und die ganze ge-
main der Statt Villach, bekhennen
mit disem brief offenbar, daß
der Erber, Wolgelehrt, und be-
rüembte Wilhalm Bombast von
Hohenhaim, der Arzney Licenciat
bey uns zu Villach, als ein Inwoh-
ner bey zwey und dreyssig Jahr un-
gevarlich gewohnt, und all die Zeit
seines wesens, wandl und leben
gegen allermeniglich erber,

ehr-

sprüchlichen Etiketten versehen: der Alchimist oder der Theologe, der Arzt oder der Scharlatan, der Philosoph oder der Heiler, der Psalmenexeget oder der Kabbalist. Paracelsus erreicht uns so zugleich mit all den Legenden, die um ihn gesponnen, den Urteilssprüchen, die über ihn gefällt wurden; sie ziehen sich quer durch die umfangreiche Literatur und haben ihn zu einer Figur gemacht, die keine Ruhe läßt.

Unzählige Werke haben bei ihm Anleihen gemacht; Schmähschriften, Romane, Opern, Gelegenheitsgedichte spielen auf ihn an, erweisen ihm Reverenz – oder aber spotten seiner. Der Dichter Johann Fischart feiert ihn schon im 16. Jahrhundert und entleiht die Themen von Homunkulus, den Elementargeistern und den *tartarischen Krankheiten.*[1] Er versucht gar eine Ausdeutung des Namens *Paracelsus:* »über Celsus hinaus« (wird aber nicht dabei dem Namen etwas von seinem Geheimnis entzogen?). Um 1600 erscheint ein *Spiegel Theophrasti Paracelsi* von Stephan Groß; und Paul Fleming preist ihn als unvergleichlichen Arzt in seinem *Bombasti encomium* (1640), nennt ihn »stupor et admiratio mundi« oder gar »digne dici deus«!

Auch England bemächtigt sich seiner; er wird dort bekannt gemacht durch seinen Geistesgenossen Giordano Bruno. Shakespeare stellt ihn auf die gleiche Stufe wie Galen; Ben Jonson vergleicht ihn mit Plinius.

In der Hauptsache jedoch geht Paracelsus in isolierten, aus dem Zusammenhang gerissenen Spuren in die Literatur ein; einzelne Themen, Ausdrücke oder Benennungen werden herausgeklaubt. Die Elementargeister beispielsweise werden ein bevorzugtes Thema vom 17. bis ins 19. Jahrhundert. Doch auch da ist Paracelsus eher verwendet als verstanden worden. Man versuchte schon gar nicht erst, ihn zu verstehen; dies scheint das ihm vorbestimmte Schicksal zu sein.

In Wirklichkeit sind die Elementargeister, von denen Paracelsus spricht, nicht etwa Vorstellungen, die aus dem volkstümlichen Aberglauben oder der Mythologie hervorgegangen wären. In Übereinstimmung mit der Logik seines Denkens faßt er sie als plausible Wesen auf, die, im Gegensatz zum Menschen (der aus allen Elementen der Welt zusammengesetzt ist), aus je einem einzigen Element bestehen. Sie sind entweder Wassergeister, Erdgeister, Luft- oder Feuergeister; aufgrund dieser Erläuterung werden sie einsichtlich und verständlich. Paracelsus schreibt ihnen ein Verhalten zu, das ganz in Einklang mit ihrer elementar einfachen Beschaffenheit

Paracelsus promovierte an der Universität von Ferrara, wo auch Kopernikus einige Jahre früher (1503) seinen Doktorhut erwarb. (Holzschnitt aus dem »Buch der Chroniken« von Hartmann Schedel)

steht. Er verleiht ihnen Satzung und Namen als Undinen, Gnomen, Sylphen und Salamander; wir werden noch darauf zurückkommen. Doch die literarische Wirkungsgeschichte schert sich nicht um tiefere Zusammenhänge, sondern hebt, von Grimmelshausen bis Fouqué, einseitig das Mythische hervor. Friedrich de la Motte-Fouqué schuf 1811 die berühmte Undinendichtung, die E. T. A. Hoffmann in Musik setzte. Auch das Homunkulus-Motiv wurde erfolgreich wiederaufgenommen, selbst noch in unserem Jahrhundert, nämlich von John Hargrave: *The Imitation of Man* (1931), von Ernst Penzoldt: *Der gläserne Storch* (1950), von Aldous Huxley: *Brave New World* (1932).

Von der Gestalt des Paracelsus selbst wurde einerseits hauptsächlich die Romandichtung angeregt; als berühmtestes Beispiel sei die Romantrilogie *Paracelsus* von Erwin Guido Kolbenheyer aus den Jahren 1917 bis 1925 genannt (erzählfreudig, weitschweifig, teilweise nebulös, in der Grundhaltung tendenziös), andererseits eben-

Links: Darstellung eines Syphiliskranken auf einem Flugblatt von 1496. Die »Franzosenkrankheit«, wie sie damals landläufig genannt wurde, breitete sich in Europa gegen Ende des 15. Jahrhunderts epidemisch aus. Man versuchte sie mit der Guajakkur zu bekämpfen, doch bis zur Entdeckung des Penizillins in diesem Jahrhundert gelang es den Medizinern nicht, ein sicheres Heilmittel gegen die Seuche zu entwickeln.

Rechts: Claudius Galenus, römischer Arzt des 2. Jahrhunderts n. Chr., galt bis in die frühe Neuzeit als medizinische Autorität. Paracelsus tut sich als erbitterter Gegner der galenischen Humoralpathologie hervor.

Rechts: Der Kardinal Matthäus Lang war von 1519 bis 1540 Erzbischof von Salzburg. Mit seinem Regime kam Paracelsus 1525 in Konflikt, und er kehrte erst nach dem Ableben Langs wieder in die Stadt zurück.

so der Film, darunter derjenige von Georg Wilhelm Pabst (1943, nach einem Drehbuch von Kurt Heuser); dann auch das Theater, beispielsweise mit Mika Waltaris *Paracelsus Baselissa* (1943); ja schließlich gar die Eschatologie: Ezra Pound versetzt Paracelsus mit seiner Dichtung *Paracelsus in excelsis* von 1909 ins Jenseits.

Die andauernde literarische Ausbeutung von Paracelsus lehrt uns nichts über ihn selbst. Sie macht jedoch faßbar, wie sein Name und einige der von ihm entwickelten Themen jederzeit die Vorstellungskraft von Dichtern und Schriftstellern beflügelt haben.

Ob Paracelsus selbst weniger vergessen wurde in den Tausenden

Andreas Vesal (1514–1564) in einem Holzschnitt seines Buches »De humani corporis fabrica« (1543), das eine neue Epoche der Medizin einleitet.

von »ernsthaften« (wissenschaftlichen) Studien, die ihm gewidmet wurden? Unverkennbar ist er oft durch die Brille von Vorurteilen gelesen worden. Noch *vor* einer umfassenden Gesamtdarstellung wurde er gierig vereinnahmt, sei's von der Medizingeschichte, sei's von der Geschichte der Naturwissenschaften. Solche Spezialisierungen aber gehören der modernen Zeit an und tragen eine Neigung zu Verdunkelung und Verschleierung in sich. Passiv getroffene Vorentscheidungen dieser Art schränken nämlich, bereits auf dieser Stufe, ausgedehntere und dennoch sachdienliche Befragung ein. Denn Paracelsus wird in den spezialisierten Fachgeschichten entweder als Abweichler (z. B. als teratologische Erscheinung in der Entwicklung der Medizin) oder eben im Gegenteil als Bahnbrecher festgemacht. Wir stoßen hier auf eine der größten Versuchungen und Vereinfachungen wissenschaftlicher Historiographie. In dieser Weise wurde Paracelsus dargestellt als Vorläufer der Balneologie oder der Syphilisbehandlung oder der Regenerationskuren. Dies

Vonn dem Bad Pfef=
fers in Oberschwytz gelegen/Tugen=
den/Krefften vnnd würckung/Vrsprung
vnnd herkommen/Regiment vnd Ordi=
nantz/Durch den hochgeleerten
Doctorem Theophrastum
Paracelsum rc.

Titelseite von Hohenheims Schrift über das Heilbad Pfäfers, gedruckt 1535, eines der frühesten Zeugnisse wissenschaftlicher Balneologie.

und weiteres findet sich tausendfach bestätigt, durch Zitate bekräftigt und bewiesen. Daß Paracelsus eine Pionierstelle auf der Schwelle zur modernen Medizin und zu den Wissenschaften überhaupt einnehme, erscheint uns heute als Urteil im Werte einer Wahrheit. Das übermäßige Lob steht jedoch, seiner Absicht zum Trotz, als Hemmnis echter Forschung entgegen.

Tatsächlich bringt uns eine Analyse der grundlegenden Prinzipien moderner Wissenschaft sehr rasch dazu, solche Schiedssprüche zu bezweifeln. Die Prinzipien moderner Wissenschaft haben mit jenen, die paracelsisches Denken leiten, nichts gemein, sie sind von Galilei und Descartes entworfen. Wir werden Gelegenheit finden zu zeigen, daß von Paracelsus kein Weg zu Galilei führt.

Weshalb also versteift man sich darauf, Paracelsus zum Vorläufer oder Begründer einer Wissenschaft machen zu wollen, deren Prinzipien seinem Denken entgegengesetzt sind? Vielleicht weil der Historiker, der dieses Urteil fällt, seiner Ahnung von irgend etwas Entscheidendem in Paracelsus' Werk Ausdruck zu geben versucht? Oder weil er, von der modernen Wissenschaft her bestimmt und in ihr befangen, in Paracelsus nur das Stammeln und die ersten Schritte jener geschichtlichen Entwicklung wahrnehmen kann, die uns noch heute trägt? Das wäre linkisch und blauäugig – auf diesem Pfad werden wir Paracelsus nicht begegnen.

Was ist es, dem wir beizukommen versuchen mit solchen Urteilen? Insgeheim rührt uns etwas an, verwischt sich jedoch, sobald fromme Beteuerung Paracelsus zu einem Begründer oder Pionier stempeln will. Um zu einer Antwort zu kommen, müssen wir schon die Befragung anders beginnen. Mit der Feststellung, Paracelsus sei ein großer Arzt gewesen, gehen wir sicher nicht falsch. Er war tatsächlich ein großer Arzt. Doch gab es ebenso andere Größen unter den Ärzten: Hippokrates, Galen, Vesal ... und ganz gewiß hat eher Vesal die moderne Medizin begründet als Paracelsus.

Was aus Paracelsus' Schriften spricht, gehört anderer Ordnung zu und wird erst dann verständlich, wenn wir die Gesamtheit seines Werkes in den Blick fassen, nichts aus dem Zusammenhang reißen, sondern eintauchen und den Mittelpunkt orten, von dem aus sich alles erhellt. Sobald man etwas herausgreift – insbesondere wenn man es im Hinblick auf unsere heutigen Disziplinen und Spezialisierungen tut –, verblassen die hervorgehobenen Aspekte und werden überblendet von gegensätzlichsten Vorstellungen und Projektionen der Interpreten – daher die vielen Studien, die bloß die Sicht auf das Wesentliche verstellen. Ihr Vorgehen ist darauf angelegt, dem Unerträglichen auszuweichen: der allzu gefahrvollen, beunruhigenden Wahrheit von Paracelsus.

Doch wie steht es mit der Geschichtsschreibung im allgemeinen? Gewiß versucht sie zu erfassen, was Paracelsus seiner Zeit bedeutete und was er noch heute für uns darstellt. Meist wird er dann in eine etikettierte Denkrichtung eingeordnet oder aber der mehr oder minder obskuren Tradition der Mystiker und Kabbalisten zugerechnet. August Riekel zum Beispiel spricht von mystisch-neoplatonischem Monismus, Ernst Bergmann von Positivismus und Empirismus, Johann Gottlieb Buhle von kabbalistischer Philosophie!

Die romantische Geschichtsschreibung dagegen räumt Paracelsus einen Vorzugsplatz ein, ihm als dem Einzigartigen, Außergewöhnlichen, Zerrissenen, Einsamen, Verfolgten, dem Schöpfer der Sylphen und Nymphen. In ihm und seinem Ringen um den Sinn – Lebenssinn, Naturgeheimnis, kosmische Einbettung – erkennt das romantische Denken sich selbst wieder.

So einfach aber sind die Dinge nicht. Das romantische Denken steht ständig in Gefahr, die wunderbaren, seltsamen, erstaunlichen Seiten der Lehren hervorzuheben, den oberflächlich schillernden Bildern zu erliegen und eher der Intuition als dem Beweis zu vertrauen. Solcherart »romantische« Lektüre von Paracelsus enthüllt in der Analyse die immer wiederkehrende Verführung, Auffälliges und Fremdartiges, flach und stereotyp Wunderbares hervorzustreichen. Das erstreckt sich bis zu den unglaubwürdigsten Phantasien, bis schließlich dem Leser, sei er nun gutgläubig oder selbst von vornherein überzeugt, eine volkstümliche Version des Faust als Paracelsus vorgesetzt wird. So ist die Romantik gerne mit sich selbst am eindringlichsten beschäftigt und beschreibt andere im wesentlichen mit der Absicht, ihr eigenes Bild wiederzufinden.

Kann Paracelsus in dieser zur Schau gestellten Begeisterung

Illustration eines Bade-Büchleins von Paracelsus, gedruckt 1566. Das Wasserbecken befindet sich in freier Luft; darin tummeln sich leichtgeschürzte Männer und Frauen.

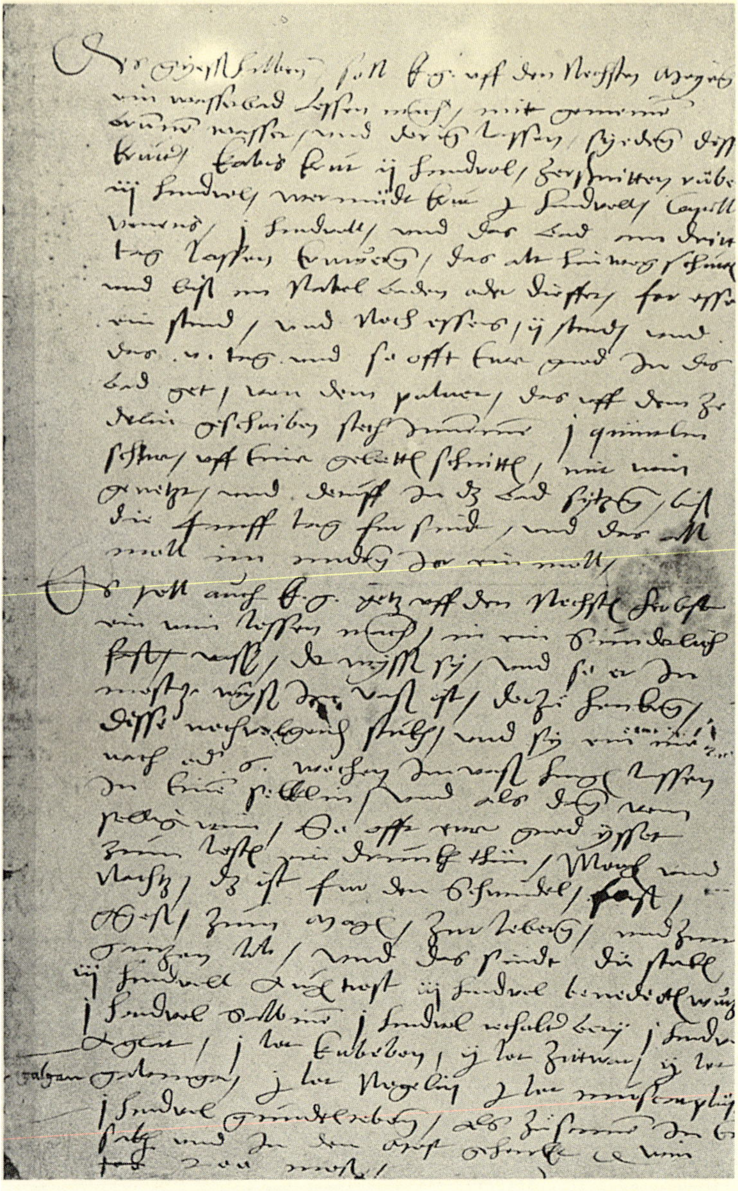

Links: Auszug aus dem medizinischen Gutachten, das Paracelsus für den Abt Johann Jakob Russinger abfaßte. Es ist dies eines der wenigen erhaltenen Autographen Hohenheims.

Rechts: Ebenfalls ein eigenhändiges Schriftzeugnis von Paracelsus: ein Rezeptzettel, der in der Österreichischen Nationalbibliothek in Wien aufbewahrt wird.

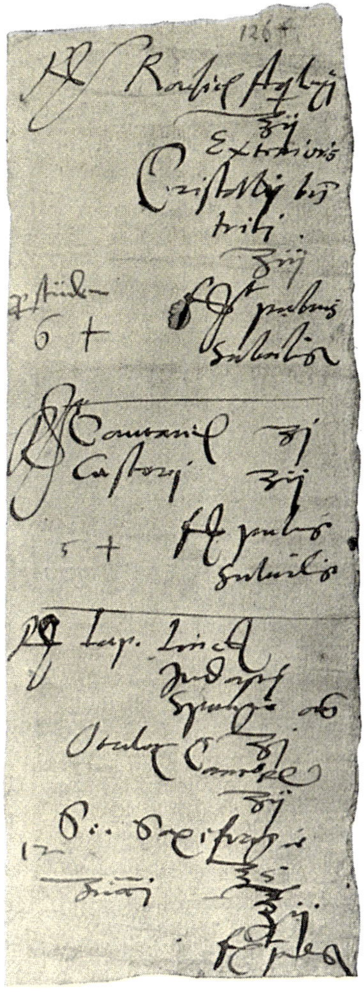

wirklich erkannt werden? Beläßt nicht die hartnäckige und einseitige Betonung der Andersartigkeit einmal mehr im Dunkel, was zu erhellen wäre?

Ein einmaliges Schicksal. Paracelsus wird im Gewirre aller literarischen Sparten, im raunenden Gemurmel der Magie, in der romantischen Schwärmerei seiner Verehrer überliefert, eingeordnet, etikettiert, klassifiziert. Wie soll man da noch Zugang finden? Enthaltsamkeit und Disziplin drängen sich auf. Man muß streng bei den Texten bleiben – bei jenen Texten, deren Urheberschaft verbürgt ist (durch die Widmungen, durch Ort und Datum der Abfassung usw.). Hier kann man neu beginnen, nicht bei den jahrhundertealten Legenden, die um den Namen von Philippus Aureolus Theophrastus Bombastus von Hohenheim, genannt Paracelsus, gewoben wurden.

Dieses Werk, abgefaßt in einer seltsamen Mischung von Mittelhochdeutsch und alemannischem Dialekt, verlangt zu seinem Verständnis nach einer besonderen Aufmerksamkeit. Paracelsus, der mit dem Schullatein gebrochen hat, ringt um ein neues, gelenkigeres Ausdrucksmittel, das die Wunder und die gar geheimen Kräfte der Natur angemessen nennen könnte.

Wortklang und Sprachimpuls sind vom Lateinischen verschieden; Bilder finden anders und in reicher Fülle Verwendung. Es entsteht ein verblüffender Text, wo die Unbestimmtheit des sich erst formenden Ausdrucks oft in Unklarheit übergeht. Paracelsus greift auch auf überkommene Begriffe zurück, verändert aber ihren üblichen Sinn.

Wir sind gezwungen, mit den uns vertrauten modernen Begriffen, die auch gegen unseren Willen bestimmte Bedeutungen implizieren, eine Vision in Worte zu fassen, von der ebendiese Begriffe nicht herrühren. Denn in der postcartesianischen Epoche hat sich eine Terminologie verbreitet und eingebürgert, der zufolge wir heute von der Natur im wesentlichen in den Begriffen der »Repräsentation«[2] sprechen, ausgehend von einer Philosophie des Subjektes. Das Prinzip der Trägheit (die Natur ohne Spontaneität), das Postulat der Gleichförmigkeit, der Glaube an einen umfassenden Determinismus und weitere solche Konzepte beherrschen unsere Vorstellungen von der Natur. Eine strenge Selbstbesinnung des Denkens auf die eigenen Grundlagen ist notwendig geworden. Nur so können wir Implikationen umgehen, die sich sonst ganz zwangsläufig und unbemerkt einschleichen. Nur unter solchem Einsatz hat die Bedeutung des paracelsischen Werkes überhaupt noch eine Chance, entschleiert zu werden.

Paracelsische Grundanschauungen

I. Die staunenerregende Natur

»Nichts bleibt stehen einen Tag, wie es den anderen gewesen ist, sondern alle Tage ist eine veränderte Natur da. Dadurch begegnet auch allen denen einen Veränderung, die mit ihr in Berührung stehen.« (VI, 368)

»Denn wenn Christus spricht: perscrutamini scripturas, *warum sollte ich dann nicht auch sagen: perscrutamini naturas rerum?*
(XI, 130)

Gelegentlich vergleicht Paracelsus, einer geläufigen rhetorischen Formel seiner Zeit folgend, die Natur mit einem Buch. »Denn alle *creata* sind Buchstaben und Bücher.« (XII, 32) »Wer die Natur erforschen will, muß ihre Bücher zu Fuß durchmessen. Die Schrift wird durch ihre Buchstaben erforscht, die Natur aber von Land zu Land: so viele Länder, so viele Seiten. So ist er *codex naturae,* so muß man seine Seiten wenden.« (XI, 145/146)

Es wäre allerdings falsch, daraus zu schließen, die Natur sei in gleicher Art anzugehen, wie man einen Text liest oder interpretiert – zu gut ist uns bekannt, daß Paracelsus jeglichem Bücherwissen feindlich gegenübersteht. Die Natur schreibt sich im Hier und Jetzt; in ebendiesem Hier und Jetzt muß sie auch belauscht werden. Im folgenden Kapitel werden wir bestätigt finden, daß nicht belesene Gelehrsamkeit, sondern lebendige Naturbeobachtung den wahren Philosophen ausmacht.

Die Textauslegung zielt hauptsächlich dahin, den verborgenen Sinn des Schriftstückes auszudrücken, d. h. zu entdecken, was es sagen will. »Sagen-Wollen« ist im Falle der Natur jedoch eine zwiespältige Metapher. Denn die Interpretation eines Grundtextes mittels eines weiteren Textes bleibt im gleichen Medium der Schriftlichkeit. Anders die Deutung der Natur mittels eines Textes: Es entsteht ein Sprung, und wir gehen vom gleichen zu einem anderen über. Entscheidender Punkt der Veränderung ist, daß es sich nicht mehr um bloße »Beschreibung« handelt (in dieser Hinsicht wäre der

Vergleich mit dem Buch allenfalls zutreffend), sondern darum, überhaupt erst zu begreifen und in Worte zu kleiden, was der Benennung noch entbehrt: die »Kräfte«, »Tugenden« und »Geheimnisse« der unergründlichen Macht, die sich unter wechselnden Erscheinungsformen unaufhörlich darbietet. Wir heißen sie einfach »Natur« – das heißt: was in jedem Augenblick im Entstehen begriffen ist (*natura,* grammatikalisch das Mittelwort der Zukunft von *nascor,* »geboren werden«).

Ungeheure Anstrengungen müssen entfaltet werden, um darzustellen, was noch ohne Form ist. Ob das Unternehmen gelingt oder von vornherein zum Scheitern verurteilt bleibt, wird gar nicht einfach zu entscheiden sein, da das Ungenügen der philosophischen Sprache in der Benennung der sich stets entziehenden Natur nicht vorgezeigt werden kann. Denn nie liegt, was verfehlt wird, als Text oder Gegenstand vor, daß man darauf zeigen und das Ausmaß der Lücke abschätzen könnte. In Wirklichkeit gibt es gar keine Lücke. Es gibt nur Bestimmungsversuche einerseits und die Empfindung andererseits, daß allen Bemühungen zum Trotz das Wichtigste erst noch zu sagen sei.

Die Natur kann allen Interpretationsabsichten entgegen nicht festgehalten *(capitur)* werden: Sie ist von Grunde auf jenseits des Begriffes und übersteigt jedes Wort. Das ganze Werk des Paracelsus (nahezu 8000 Seiten) bildet den maßlosen Versuch, das sprachlich auszudrücken, was, wie der Autor selbst bestätigte, Mittel und Vermögen einfacher Logik überfordert. Alles in diesem riesigen Werk, das von einem Feind aller Literatur geschaffen wurde, zeigt die unvermeidliche Spannung an zwischen dem eingrenzenden Begriff und den Kräften, die der Grenzen sprachlicher Festlegung spotten: die Neologismen, die schillernde Palette von Metaphern, die absichtlich dunklen oder esoterischen Begriffe, die Klassifizierungsversuche, die doppelte, drei- oder vierfache Überarbeitung einiger Textstellen, die Bruchstücke, die Fragmente usw.

Die Deutung der Natur verweist somit auf die ungeheuerliche Anstrengung eines einsamen Mannes, der das Unsagbare zu sagen, das Unbegreifliche zu greifen entschlossen war. Dieser Tatsache wegen bleibt »Natur« ein in seinem ganzen Werk unermüdlich wiederholter Begriff: als ob in der Wiederholung eine Zauberkraft wirke, jene Macht zu beschwören und zu bannen, die wie durch Magie (und um so eher, wenn sie nicht benannt wird) nie eingekreist, sondern stets verfehlt wird.

Vielleicht besteht ein besonderer Zusammenhang zwischen der

Otto Brunfels (1494–1534), Autor des reichbebilderten Kräuterbuches »Herbarium vivae eicones«.

dauernden Betonung, die Paracelsus auf die wunderbare, überraschende, irreführende Natur legte, und der Begrenzung, die ihm die vereinfachende und festmachende Rede immer wieder von neuem aufzwang. Sein Mitteilungsdrang konnte sich allein in und durch Sprache äußern – gerade sie jedoch hatte er von Anbeginn denunziert.

Das eigentlich zum Scheitern bestimmte Unterfangen zieht eine Überbestimmung der Idee von »Natur« nach sich, indem Attribute angehäuft und so aneinandergereiht werden, daß jedes neue Prädikat, das dem Begriff zugemessen wird, die Begrenzungen der vorangehenden Bestimmung verwischt und aufhebt.

Für den Begriff »Natur« resultiert aus dieser Überbestimmtheit eine kennzeichnende semantische Labilität. Die Interpretation verwendet vorwiegend negierte Zuschreibungen (*unergründlich, unaussprechlich, unbestimmbar …*) oder Ausdrücke, die sich einer Bestimmung gerade widersetzen (*Heimlichkeit, secreta, mysteria, magnalia, arcana, virtus, Wunderwerk, Kunst der Natur*). Da die Natur nicht einfach zu beobachten und zu beschreiben ist, wird sie zum Gegenstand einer Erforschung, die ihrerseits mit neuartigem Wort-

Links: Der Arzt Leonhard Fuchs (1501–1566), »Vater der Botanik« genannt, Verfasser des pflanzenkundlichen Grundlagenwerks »De historia stirpium« (gedruckt 1542 in Basel).

Unten: Holzschnitt der Erdbeerpflanze in Fuchs' Kräuterbuch.

schatz definiert ist: *suchen, nachsuchen, nachgehen, lauschen.* Der Sprecher verrät mittels seiner Wortwahl, daß er etwas entdecken will, das sich seinem Blick unaufhörlich zu entziehen droht, so wie das Wild dem Blick des Jägers entflieht. Die Natur ist zwar überall gegenwärtig, doch gleichzeitig unfaßbar.

Wo Paracelsus im bejahenden Sinne von der Natur spricht, spricht er von ihr als von einer Mutter. Es ist kennzeichnend für ihn, wie die Natur symbolisch (»magisch« mit Paracelsus' eigenem Begriff) zur schöpferischen Urmutter wird, freigebig und gut. Die Mutter Natur nimmt den Platz der trockenen und männlichen Gelehrsamkeit ein, die aus der umschriebenen Gegenüberstellung hervorgegangen ist und die die Autorität jener, die wissen, anerkennt. Dies Wissen ist für Paracelsus erstarrte, veräußerlichte, verrückte Wahrheit; es grenzt an Sünde. Die Natur dagegen wird zum Mutterschoß,

Rechte Seite: Artikel »Schwalbenwurz« aus Brunfels' »Contrafayt Kreüterbuch«.

Diese frühen Pflanzenkundebücher sind wahre Kunstwerke mit unzähligen Abbildungen.

Kreüterbůch. CLIX

Schwalben-
wurtz.

Schwalbenwurtz ist mir allein dem augenschein nach bekannt/das ich solich hab sehē wachßen/vnd die gegraben. Wechßt gern an den wylden vngebawenen orten/mit einem ronden/glatten/vnnd zarten byntzechten stengel. Seine blättlin außgespitzt/vñ schwartzgryen/mit einer grossen dicken wurtzelē/welche auß eytel kleinen wurtzelen ist zůsamen gesetzt on zale/lang/weisß/vnd rycchen starck/ist in der mitte auch abgefaulet/gleich wie der Abbisß vnnd Baldrian. Sycht auch wie die selbigen/allein das es mer wurtzelē hat/doch nach gelegenheyt seines alters. Dann die jungē haben zarte würtzelin/wie ein junger Baldrian/wie du auch hye abgemalet sychst. Wañ dises kraut vblůet/so fidert es sich an dē somē/thůt sich vff/vñ gewiñet ein form wie ein schwalbe. hab darfür/das es darumb Schwalbēwurtz genēt sey/vff Latinisch Hirundinaria. Wie es aber sonst bey dem Dioscoride genēt/ist mir nicht zůwissen. Es ist auch vilen hochgelerten dise wurtzel vnbekant/vñ nye gesehen/ich will geschweigen das sye jm solten einen nammen geben.

Jre krafft ist/brůch/vñ wundē zů heylen. Weiter find ich der selbigen bey den Wundärtzten keinen brauch.

D ij

»Gott will, daß der Mensch nicht feiere, nicht müßiggehe, nicht saufe, nicht hure und dergleichen, sondern er will, daß der Mensch täglich am Werk sei, die Geheimnisse der Natur zu erforschen, in all den Gaben, die Gott in der Natur geschaffen hat.« XII, 59

in den alle Aussagen zurückführen, so daß sie in dieser Rückkehr zugleich bestätigt und aufgelöst werden.

Daher *kann* die Interpretation der Natur nur symbolisch und titanisch sein. Titanisch, da die Bewegung der fortschreitenden Bedeutungsenthüllung endlos, wenn auch in ihrer Richtung bestimmbar ist. Symbolisch, da sich in der neuartigen, die Gelehrtenwelt des 16. Jahrhunderts verwirrenden Aufforderung die Verführung durch ein beunruhigendes, unbeherrschtes, schlecht benanntes Gegenüber (dem verfeinerten Erasmus zu wenig fein!) erkennen läßt. Die Verführung schreibt eine durchgehende Doppelsinnigkeit in die Rede ein, die doch für gewöhnlich Formen und Wesen in Namen ordnet und bannt und nicht etwa flüchtige Kräfte dingfest zu machen sucht. Die Deutung der paracelsischen Natur baut hingegen auf den Trümmern der formellen Bestimmtheit auf.

Der Begriff »Natur« bleibt als solcher in Wahrheit unbestimmt;

Die »Mengelwurtz« nach Leonhard Fuchs' »New Kreüterbuch«.

Der Autor Hieronymus Bock (1498–1554) versuchte auch bereits, die Pflanzen nach botanischen Merkmalen systematisch zu ordnen.

Erasmus von Rotterdam (1465 bis 1536), gemalt von Hans Holbein d. J. Paracelsus hat den führenden Humanisten Europas in Basel kennengelernt, im Haus des Buchdruckers Johannes Froben.

er bedeutet und begrenzt erst innerhalb des weiteren Begriffsnetzes, in das er, von Epoche zu Epoche, eingeknüpft ist. Dies Netz selbst legt sich über die unausgesprochene Tiefe, über die Gesamtheit der mehr oder minder expliziten Voranahmen, die unseren Ansichten im weitesten zugrunde liegen und die innere Schlüssigkeit einer Epoche sichern.

Um nur ein Beispiel herauszugreifen: Das Gesetz der allgemeinen Schwerkraft, mit dem Newtons Name in Verbindung gebracht wird, wurde erst von dem Zeitpunkt an denkbar, als dem menschlichen Geist die Idee einer einheitlichen, in ihren Teilen und Ausdehnungen überall identischen Natur augenscheinlich und beweiskräftig geworden war. Zur Zeit von Paracelsus hätte diese Idee nicht formuliert werden können; alles hätte sich ihr widersetzt. Denn damals ging man von einer heterogenen Natur aus, ungleich in ihren Teilen, unterschiedlichen Gesetzmäßigkeiten unterworfen je nach Regionen, ja mehr noch: unterschiedlich in ihrer Tätigkeit gestern und heute, hier und dort.

Wie aber kann man heute die selbstverständliche Beweiskraft

zurückholen, die jene Annahmen damals trug? Zunächst indem das Begriffsnetz wieder geknüpft wird, das sie innerhalb des Ganzen einordnet und ausdrückt. Ist es notwendig, noch einmal darauf hinzuweisen, daß die Natur für Paracelsus nicht Ob-jekt ist im Sinne bestimmter oder bestimmbarer Vorstellung? Ebensowenig ist sie die Gesamtheit alles den universellen Gesetzen unterworfenen Seienden, ebensowenig das bloße Weltschauspiel.

Gewiß ist sie zunächst alles, was sich unseren Augen darbietet: Baum, Mineral, Tier, Krankheit, Geburt, Tod ... Doch was derart gegeben ist, enthält immer und gleichzeitig noch etwas anderes, es ist die Offenbarung einer »tieferen« Wirklichkeit, ohne daß wir vorderhand deren Tiefe näher erklären könnten. Die Natur ist gleichzeitig Sichtbares und Unsichtbares. Sichtbar ist sie in der Gestalt, unsichtbar in ihrer Kraft, beide aber unzertrennbar eines.

So ist der Birnbaum wohl der Baum, den ich sehe. In seinem Wachstum und seinem Dasein aber offenbart sich eine unsichtbare Kraft. Sie beherrscht und leitet das sichtbare Sein, wirkt in Holz, Blatt, Blüte und Frucht. Eine gattungseigene Dynamik hat aus einem schwarzen Kern den grünen Baum aufwachsen lassen. Die völlig unsichtbare Antriebskraft brachte ihn dazu, sich genau so und nicht anders zu entwickeln, Früchte zu tragen – eben zu sein, was er ist: ein Birnbaum. Er ist Birnbaum geworden, weil er aus seinem tiefsten Inneren und Ursprung heraus durch das *Gestirn* (die unsichtbare Kraft des Makrokosmos, der »Großen Welt«) gewissermaßen aus sich selbst herausgetrieben wurde, in seine typische Gestalt als Birnbaum. In den sichtbaren Gestalten äußert sich so punktweise die verborgene Natur.

Ebensowichtig wie die Gestalt ist also die Kraft, die verborgene Tugend, die sich in jener offenbart. Es genügt daher nicht, an der Oberfläche der Dinge zu bleiben oder sich mit der Bestimmung von Formen zufriedenzugeben. Eine Bestimmung des Sichtbaren kann im Gegenteil nie vorgenommen werden, ohne gleichzeitig jene Kraft mitzubedenken, die der äußerlichen Gestalt zugrunde liegt, jene unsichtbare, geheimnisvolle Macht, die am Ursprung ihrer Offenbarung steht. Überall muß die Natur in der innigen Einheit von Sichtbarem und Unsichtbarem gelesen werden.

Dem Gegensatzpaar »sichtbar – unsichtbar« gesellt sich jenes von »außen – innen« zu; der Begriff »Aus-druck« selbst gibt es schon zu erkennen. Wenn die sichtbare Offenbarung (einer Pflanze, einer Krankheit, eines Minerals) als Ausdruck einer geheimen Kraft gedeutet wird, besteht allerdings die Gefahr, sich ein Inneres vorzustellen, von dem aus die sich außen manifestierende Kraft ihren Ursprung nimmt. So aber denkt Paracelsus nicht. Es gibt kein Inneres.

Es gibt nichts in der Natur, das »hinüber« oder »hinaus« träte. Die Idee eines »Inneren«, suggeriert etwa auch durch Begriffe wie »Geheimnis«, »Verstecktes«, »Mysterium« etc., ist selbst der Offenbarung, dem Sichtbar-Werden verpflichtet: Die Vorstellung eines »Darunter-«, »Dahinter-« oder »Zugrundeliegenden« wird im Anblick der sinnlich wahrnehmbaren Natur gebildet. Das häufige Auftreten dieser Begriffe in den paracelsischen Ausführungen könnte uns unversehens in die Irre führen und eine allzu einfache Vorstellung bestärken. *Vor* der Offenbarung sind jedoch die Wunder der Natur und die geheimen Kräfte überhaupt nichts. Die Natur ist das Vermögen der Offenbarung. Im Sichtbaren erkennen wir danach auch die unsichtbare Kraft, vorausgesetzt, unser Blick durchdringe die sichtbare Gestalt, um dort das Unsichtbare wahrzunehmen. Paracelsus wird nicht müde zu wiederholen, daß das Unsichtbare zu denken uns erst ermöglicht wird durch das Sichtbare, ohne das uns alle Geheimnisse der Natur verschlossen blieben.

Es ist von daher schwierig, zu sagen, was die Natur sei. Man muß denselben Begriff verwenden wie Paracelsus: *würken* oder *wirken* (von daher stammt schließlich auch unser Wort »Wirklichkeit«!), der treffender als etwa das allzu unverfängliche »handeln« den Ursprung des Sichtbarwerdens bezeichnet.

Die Natur an sich ist nicht; sie besteht im Leben, in der tätigen Entfaltung, in der Enthüllung. Gewiß ist sie gegeben in den regelmäßig wiederkehrenden Formen, wie sie von Paracelsus' Zeitgenossen Hieronymus Brunschwig, Otto Brunfels, Leonhard Beck und Leonhard Fuchs beschrieben werden. Doch gleichzeitig ist sie keineswegs da; sie besteht nicht aus der Ansammlung von Lebewesen. »Wenn gleichwohl die Farben, Gestalten und was sonst notwendig ist, zum besten angezeigt werden, so mögen die Wesen der Natur doch dadurch nicht im Grund erfaßt werden.« (II, 181) An die Stelle der Sicherheit und Genauigkeit einer Welt von Formen tritt die Unbestimmtheit eines von Kräften durchwirkten Universums.

Diese Sichtweise spiegelt sich z. B. darin, daß der Physiologie vor der Anatomie oder allgemeiner: dem Beweggrund vor dem Verhalten Vorrang zugemessen wird. Überall ist es die behutsame Aufmerksamkeit auf das, was uns von jenseits des Sichtbaren anspricht. Unter dem Druck, diese Dimension namhaft zu machen, die sich unter keinem Skalpell finden läßt, spricht Paracelsus vom Unsichtbaren, von der verborgenen Tugend, vom Mysterium der Natur.

Daher wird das Entscheidende durch den unablässig wiederholten Begriff »offenbaren« ausgedrückt. Insofern sie »Kraft«, »Wirkung«, »Drang« ist, gibt sie sich selbst kund im Sichtbarmachen und Hervorbringen der Naturwesen.

Das »Wunderbare« (ein ebenfalls immer von neuem gebrauchtes Wort) ist vorrangig die Tatsache des Sichtbarwerdens selbst. Von der verborgenen Tugend zur Offenbarung, von der Kraft zur Erscheinung führt kein intellektuell nachvollziehbarer Weg. Es folgt daraus, daß man von der gegebenen Gestalt nicht auf eine bestimmte Ursache zurückschließen kann; der Begriff der Kausalität ist allzu modern, ist schwach und trügerisch. Zwischen Kraft und Offenbarung vollzieht sich ein Sprung. Dieser Sprung ist das Wunderbare, das Staunenswürdige, das *Wunderwerk:* stets überraschend, niemals bestimmbar.

Daher das andere Thema: Die Natur ist unvorhersehbar. Sie kann einzig in ihrer Aktualität erkannt werden. Dies aus verschiedenen Gründen.

Zunächst, da sie lebendige Kraft ist. Heute ist sie nicht mehr, was gestern. Jeden Tag gebiert sie neue Erscheinungen. »Nichts bleibet stehen einen Tag, wie es den anderen gewesen ist, sondern alle Tage ist eine veränderte Natur da.« (VI, 368) In der Natur verharrt nichts in steter Gleichheit.

Die Natur lebt, das heißt, sie hat eine Jugend gekannt und wird einst ein Ende nehmen; in der Reife bringt sie nicht dasselbe hervor wie in der Frühzeit, ihre Offenbarungen ändern sich entsprechend. Wie der Mensch ist übrigens auch sie dem Tode zugesprochen (XI, 135).

Die Natur ist des weiteren unterschiedlich hier oder dort; sie offenbart sich in Deutschland anders als in Arabien. Der deutsche Arzt findet die Heilmittel für deutsche Krankheiten im eigenen Lande, unnötig die Suche nach arabischen Kräutern!

Schließlich enthüllt sich die Natur in jedem einzelnen Wesen wieder anders. Überall neue, verschiedene Wesen, es gibt keine zwei identischen in der Welt. Es existieren ebenso viele Arten von Blut wie von Bäumen. Die Natur ruht nie (II, 100) und wiederholt sich nie.

Folglich ist allgemeingültige Kenntnis der Natur nicht möglich; die Kenntnis ist heute nicht, was sie gestern war. Wahre Wissenschaft ist Wissenschaft des Gegenwärtigen, Wissenschaft des *hic et nunc.* Sich auf Bücher zu beziehen, die vor tausend Jahren geschrieben wurden, ist ein Fehler der verirrten Ärzte. Die Natur zeitigt

Links oben: Der Theologe und Prediger Johannes Oekolampad (1482–1531) stand an der Spitze der reformatorischen Partei in Basel und führte die Stadt 1528 zum »neuen« Glauben.

Rechts oben: Bildnis des berühmten Basler Buchdruckers Johannes Froben (um 1460–1527). Paracelsus kuriert ihn von einem hartnäckigen Beinleiden; der dankbare Patient setzt sich danach für die Berufung Hohenheims nach Basel ein, stirbt jedoch wenige Monate, nachdem sein Schützling die Stelle angetreten hat.

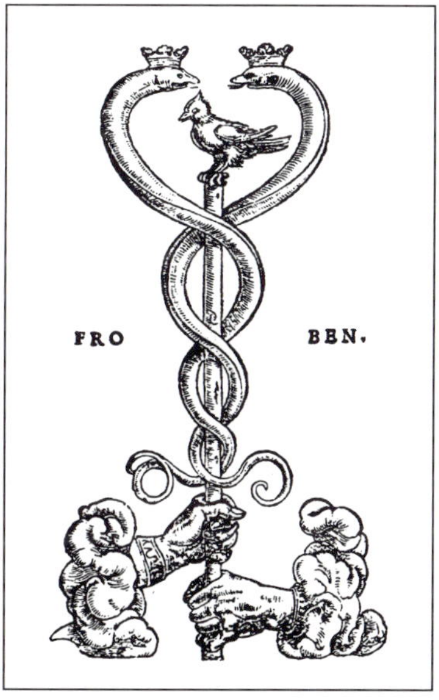

Rechts: Druckerzeichen der Offizin Froben in Basel.

heute andere Krankheiten, so wie sie neue Kräuter hervorbringt. Also muß man sie heute besehen, anstatt über alten Pergamenten zu brüten. In ihrem gegenwärtigen Reich ist die Natur zu studieren.

Die paracelsische Sicht der Natur verdeutlicht sich, wenn wir ihr als Kontrast jenes Verständnis gegenüberstellen, wie es im folgenden Jahrhundert vorherrschend werden sollte: eine revolutionäre Auffassung, bedeutsamer als ein politisches Ereignis. Es handelt sich um die Idee einer leblosen, trägen Natur (also ohne Kunst, ohne Leben), unendlich verfügbar und mechanisierbar, da als mechanisches Modell entworfen.

Im 17. Jahrhundert fühlte sich der Mensch stärker und stolzer. Als sich die Philosophie des autonomen Subjekts entwickelte, mußte die Auffassung von »Natur« entsprechend auf das neue Selbstverständnis des Menschen (der Bürger geworden war) abgestimmt werden, um auch den möglichen wünschbaren Einwirkungen, die ebendiesem Selbstverständnis entspringen könnten, angepaßt zu sein. Die Zeit war gekommen, da das Subjekt sich »Herr und Besitzer der Natur« werden fühlte (um Descartes zu zitieren, der maßgeblich an der Förderung der neuen Auffassung beteiligt war).

Neuartig ist, daß die Beherrschung als Ziel an sich gedacht wird, ganz dem Wollen des Subjektes anheimgestellt. Sie neigt zur Willkür, denn der Eigenart und Autonomie des Gegenübers sollte je länger, je weniger Wichtigkeit zugemessen werden; man hielt sie für bedeutungslos. Daher werden der Beherrschung keine Grenzen mehr gesetzt.

Es ergibt sich daraus eine erste bemerkenswerte Konsequenz: Einer Natur ohne Willen, ohne Zielgerichtetheit und ohne Spontaneität kann auch keine Gewalt angetan werden. Die Unterscheidung zwischen gewaltsamer und natürlicher Bewegung wird gegenstandslos, ebenso die Unterscheidung zwischen »künstlich« und »natürlich« – eine Unterscheidung, die im Werke des Paracelsus eine bedeutsame Rolle spielt.

Andererseits, und dies ist die zweite bemerkenswerte Konsequenz, wenn die Natur als unendlich verfügbar (und ausbeutbar) gedacht wird, ist es ratsam, sie von allem zu entblößen, was einem Begehren, einem Willen, einer geheimen Kraft oder einer Bestimmung ähneln könnte. Natur wird als reine Äußerlichkeit aufgefaßt *(partes extra partes,* um einen anderen Ausdruck von Descartes aufzunehmen). Jeglicher Innerlichkeit und Eigenschaften entkleidet, wird sie vermeßbar und mathematisch bestimmbar und nähert sich mehr und mehr einer Maschine an, komplex zwar, aber im Prinzip durchgehend verständlich, handle es sich nun um einen Grashalm, ein Tier oder einen Menschen.

Diese Sichtweise ist nicht etwa die Frucht von besserer Beobachtung oder feinerer Wahrnehmung, sondern entstammt den Absichten des neuen Menschen, der auf die Natur einen veränderten Blick wirft: den Blick des Ingenieurs. Die Natur ist zum Objekt geworden, zum bloßen Gegenstand. Wir verstehen dies ohne Schwierigkeit, da diese Haltung zu großen Stücken noch die unsere ist.

Die Veränderungen, die diese Sichtweise in die Forschungsarbeit, in die Wissensanordnung und das Handlungsverständnis einführte, sollten sich als beträchtlich erweisen. Rückwirkend werfen sie ein neues Licht auf Vorgehen und Denkweise von Paracelsus.

So wird sich auch der Begriff der »Freiheit« fundamental ändern. »Freiheit« wird zur Eigenschaft des Subjekts, das selbstherrlich über die Natur verfügt, indem es ihr eigenmächtig von außen Ziele aufzwingt. Paracelsus hätte darin eine widernatürliche Absicht gesehen, die der Ordnung entgegensteht, eine frevelhafte Absicht letztlich, da die Natur, die in ihrem Ursprung auf Gott zurückzuführen ist, als bloßes Objekt behandelt wird. Für Paracelsus ist die Freiheit alles andere als der eigenmächtige Wille des Subjektes; sie definiert sich nicht vom Subjekt oder dessen Ansprüchen her. Vielmehr ist sie ein Akt des Geschehen-Lassens und der Fügsamkeit: die Natur in unserem Innern sich erhellen lassen, indem wir uns für ihre Erscheinung bereit halten, ihr kein Hindernis und eben gerade auch nicht unseren Eigenwillen entgegenstellen. Auf die Ausübung von Herrschaft über die Natur ist zu verzichten, der Überheblichkeit des machtgierigen Subjekts abzusagen. Das bedeutet, in dieser Bereitschaft, auch die Anpassung unserer Aufmerksamkeit an die Absichten der Natur selbst. Frei zu sein heißt, sich zur Natur in der Art zu verhalten, daß sie sich in uns voll entfalten könne; das heißt, als Mit-Wirkende zwischen ihr und uns keinerlei Hindernisse zu errichten, die das Licht und seine Wirksamkeit verdüsterten, dem Sein-Wollen, dem Sich-offenbaren-Wollen der Natur entgegenstünden.

Analoge Feststellungen könnte man auch treffen in Hinsicht auf den vieldeutigen Ausdruck »Naturgefühl«. Es wäre unbedacht, ihn auf Paracelsus anwenden zu wollen. Dieser Ausdruck füllt sich im 18. Jahrhundert, wo er auftaucht, mit ganz spezifischer Bedeutung. Er bezeichnet das Gefühl, das die Schöngeister beschreiben, wenn sie sich für die Wohltaten der Natur begeistern, in ihr bewunderungswürdige Vorkehrungen entdecken und geschickt stets neue Zweckmäßigkeiten der unerwartetsten Sorte vorfinden – so etwa, wie man heute nicht müde wird, den Sinn der Geschichte abzuhandeln. Es ist dies weder die Empfindung des Gebildeten noch diejenige des tätigen Arztes. Die Wissenschaft verfolgt ihren Weg, ohne sich um Nostalgiker zu kümmern.

Es ist leicht einzusehen, daß die Endzwecke, die die Schöngeister der Natur zuschreiben, Erdichtungen des menschlichen Subjektes sind. Sie werden nicht durch geduldige Beachtung dessen, was in der Natur selbst sich offenbart, gewonnen. Eher sind es Hirngespinste, die künstlich einer Vorstellung von »Natur« übergestülpt werden. Die Natur selbst bleibt vergessen; was zählt, ist weniger die Aufmerksamkeit auf sie, als vielmehr die Sehnsucht nach einer bestimmten Weltharmonie, die einem unleugbaren Ästhetizismus entspricht.

Dies paßt keineswegs zu den Aussagen von Paracelsus. Denn er lehnt sich nicht wie spätere Denker gegen eine mechanistische Wissenschaft und eine Industrie auf, die zu seiner Zeit noch nicht bestanden. Zudem fehlt in seinem Werk die ästhetische Dimension (die sich stets auf ein gewisses Gefallen des Subjektes bezieht) gänzlich. Schließlich auch ist die paracelsische Sichtweise keineswegs diejenige eines empfindenden Subjektes, ganz im Gegenteil. Ihre Quelle ist das Licht, das die Natur selbst im Menschen entzündet (falls dieser sich ihr »frei« zugänglich macht im oben dargelegten Sinne).

Diese zwei Beispiele belegen ausreichend, wie Begriffe historisch bestimmt sind und wie umsichtig man vorgehen muß, wenn man von Werken spricht, die aus fernliegenden Epochen stammen. Jede Aussage müßte, um vollständig verständlich zu sein, nochmals wiedergedacht werden auf dem historischen Boden, dem sie entsprossen ist.

II. Eine Philosophie des Unsichtbaren

»Was ist die Natur anderes als die Philosophie, was ist die Philosophie anderes als die unsichtbare Natur? (VIII, 71)

»Die Sterne sind sichtbar, sie sind aber der Himmel nicht!« (XII, 38)

Eine ganze Anzahl der Fragen, die wir zu stellen haben, betrifft die Beziehungen zwischen Sichtbarem und Unsichtbarem, ihre subtile gegenseitige Verflechtung. Zwar verstehen wir leicht, was mit dem Begriff des »Sichtbaren« angezeigt wird, doch gilt das nicht gleicherweise für das »Unsichtbare«. Das Wort selbst mag uns gar in die Irre führen, genauso wie es mit anderen Begriffen von Paracelsus häufig der Fall ist.

Das »Unsichtbare« bezeichnet keine verborgene Wirklichkeit, die hinter dem Sichtbaren ermittelt werden könnte. Das Unsichtbare ist ebensowohl das Wirkliche, und zwar ein so wahres, tatkräftiges Wirkliches wie die sichtbare Realität. Es liegt nicht *hinter* dem Sichtbaren, sondern in inniger Verschränkung mit ihm, es liegt *in* ihm. Wenn wir im folgenden vom »Licht der Natur«, von der Suche nach dem »Grund« und vom »Gestirn« sprechen, werden wir das Reich des Unsichtbaren, an dem wir teilhaben, ohne daß wir es mit unseren leiblichen Augen zu sehen vermöchten, zunehmend besser bestimmen können.

Die Nachforschungen in dem weiten Bereich beispielsweise, den Paracelsus »Astrum« oder »Himmel« nennt, sind nie Annäherungen an ein gegebenes Objekt. Denn wenn vom »Firmament« die Rede ist, handelt es sich weniger um Sterne, die wir dort beobachten könnten, als vielmehr um eine geheimere und auch geheimnisvollere Dimension, unsichtbar (obzwar nicht versteckt), die die Dinge, die Natur und den Menschen selbst durchpulst. Wie wir sehen werden, ist ebendiese unsichtbare Realität auch das, was uns gewandt oder ungeschickt macht, was uns zu wachsen und zu reifen erlaubt, was uns Weisheit, den Tieren Instinkt und den Pflanzen »Tugend« (Wirkkraft) ist.

Diesem Unsichtbaren muß der Philosoph Form verleihen, indem er es zur Sprache bringt. Nach Paracelsus sind Philosophen weder jene, die virtuos mit Begriffen jonglieren, noch die Spezialisten für alte Texte, noch die Experten im Umgang mit logischen Kategorien – sie nennt er mit Vorliebe Sophisten oder Phantasten oder Schwätzer. Sie gleichen jener Sorte von Ärzten, die die Medizin aus

ARISTOTELES · PLATO · SALOMON · REX · SOCRATES · PYTHAGORAS

HIPPOCRATIS COI MEDICORVM OMNIVM longe principis, opera: quibus maxima ex parte annorũ circiter duo millia Latina caruit lingua: Græci uero & Arabes, & prisci nostri Medici, plurimis tamen utilibus prætermissis, scripta sua illustrarunt: nunc tandem per M. Fabiũ Rhauennatem, Gulielmum Copum Basiliensem, Nicolaum Leonicenũ, & Andream Brentium, uiros doctissimos Latinitate donata, ac iamprimũ in lucem ædita: quo re uera humano generi nihil fieri potuit salubrius.

BASILEAE IN OFFICINA ANDREAE CRATANDRI, ANNO M. D. XXVI.

Elenchum librorum hoc opere contentorum, in calce sequentis Indicis reperies.

»Gott hat den microcosmum (den Menschen) erschaffen, um alle natürlichen Mysterien zu offenbaren, auf daß sichtbar werde, was unsichtbar ist.« XII, 59

Links: Die Werke des griechischen Arztes Hippokrates (5./4. vorchristliches Jahrhundert) galten der galenischen und mittelalterlichen Medizin als Grundlage. Hier die Titelseite einer prächtigen lateinischen Ausgabe, gedruckt in Basel 1526.

Rechts: Titelvignette zu einem Druck von Hohenheims Basler Vorlesungen, die allerdings erst 1562, also lange Jahre nach seinem Tod, herausgegeben wurden.

Büchern erlernen. Sowohl die einen wie die anderen verfehlen das Wesentliche.

Doch was für eine Aufgabe, das Unsichtbare sagen zu wollen! Man kann nicht auf bereits Gegebenes, bereits Formuliertes zurückgreifen, sondern muß die Aufmerksamkeit auf das lenken, was die Allgemeinheit nicht wahrnimmt. Dem muß man sich ganz und ohne Vorbehalt überantworten, damit es in der Sprache Wort und Gestalt gewinne. Die meisten Menschen sehen nicht, was für den Philosophen unabdingbar ist; sie ahnen vielleicht das Vorhandensein des Unsichtbaren, ohne aber über die Stufe der Vermutung hinauszukommen. Paracelsus vergißt sie nicht, und deshalb hat der Philosoph seine Aufgabe erst beendet, falls er jenen, die ihm zuhören, verständlich macht, was eben alle dumpf erspüren, ohne es ausdrücken zu können.

Die Schwierigkeit der Aufgabe liegt auf der Hand. Namentlich wird man, sobald die Aufmerksamkeit nur etwas ermüdet, rasch dazu verleitet, sich das Unsichtbare als Substanz oder Wesen vorzustellen – damit aber wäre alles verloren. Am Beispiel der Astrologie werden wir dieses Problem eingehender erläutern. Rufen wir uns noch einmal ins Gedächtnis, daß der Arzt für Paracelsus das eigentliche Urbild des vollkommenen, sich vervollkommnenden Menschen, Philosoph sein soll. Mehr als irgendeiner sonst muß er wissen, wie die unsichtbare Natur im Kranken oder im Heilmittel vorgeht und wie sie im Sichtbaren wirkt. Philosoph ist nichts anderes als die Entdeckung der unsichtbaren Natur (VIII, 71).

Alle Philosophie, die sich von diesem Ziel entfernt, ist bloße Pseudophilosophie und gleicht einem Pilz, einem Geschwür, das einen Baum an seiner Rinde befällt.

Noch ist es schwierig zu verstehen, doch wird die Philosophie in dieser Art zu einer Philosophie des Konkreten.

Sie erlaubt spekulative Elemente oder begriffliche Entwicklungen erst von dem Moment an, da das Unsichtbare einem bestimmten Menschen (der dann Philosoph geheißen wird) zum Gegenstand der Aufmerksamkeit und zum spezifischen Ziel seiner Schau geworden ist.

Nochmals: Was zu sehen ist, ist kein Ding unter Dingen und wohnt dennoch in allen Dingen. Der wahre Philosoph sieht nicht etwa mehr Dinge als der Unwissende (vergleichbar dem Mönch, der die Buchstaben des Psalters nicht genauer sieht als der Bauer), aber er sieht sie anders. Und indem er sie anders sieht, erfaßt er andere

Rechts: Holzschnitt von Albrecht Dürer zur Physiognomik, der Signaturenlehre des Hauptes (1498).

Unten: Abbildung zur Chiromantie aus Heinrich Cornelius Agrippas »Occulta philosophia«, Köln 1533.

Links: Magische Zeichen und Talismane, wie sie zur Zeit des Paracelsus in Gebrauch waren und vereinzelt auch in seinen Büchern auftauchen.

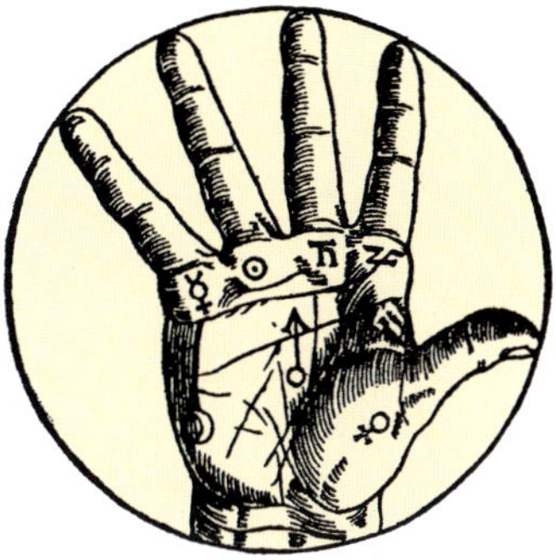

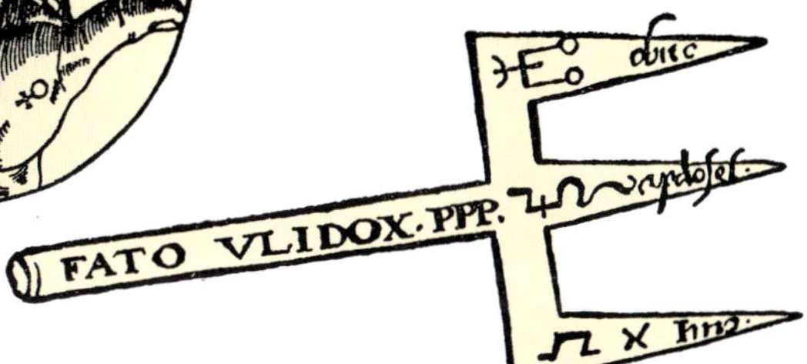

Dinge: Er erkennt im Augenfälligen die unsichtbare Natur, die darin wirkt (XII, 203).

Also ist die Philosophie weder Bücherwissen noch Produkt der abstrakten Vernunft, weder Kenntnis einer verstandesmäßig erfaßbaren Welt noch Nachdenken über die Natur; sie ist die Schau der Natur selbst in Wirkung und Gegenwärtigkeit. Sie ist wahre Wissenschaft.

Ohne Philosoph zu sein, kann der Arzt die Krankheit nicht verstehen, er könnte die Heilmittel weder anwenden noch verbreiten durch die Gewinnung der Quintessenzen aus den Pflanzen. Man kennt keine Krankheit, wenn man nicht weiß, wie sich auch in ihr die Natur manifestiert. Man kennt kein Heilmittel, wenn man nicht sieht, wie es durch seine »Tugend«, seine Wirkkraft, in den Verlauf der Krankheit eingreift. Deshalb muß der Arzt seine Kunst von der Natur erlernen. Denn eines Tages könnte er vor eine Krankheit gestellt werden, die sich zuvor noch nie gezeigt hatte. Wie würde er sie dann erkennen, wenn er die Krankheiten bloß aus Büchern gelernt hätte?

Philosoph ist der Arzt, wenn er weiß, daß die Arzneikräuter nicht in allen Krankheiten auf die gleiche Art wirksam werden. Es macht einen Unterschied, ob ihre Anwendung zu Beginn oder gegen Ende einer Krankheit erfolgt, ob sie in dieser oder jener Jahreszeit, in diesem oder jenem Land, noch grün oder schon reif geerntet wurden. All das lehrt ihn die unsichtbare Natur, wenn er sich in ihre Schule begibt.

Daraus geht auch hervor, daß die wahre Philosophie nur in unvermittelter Nähe mit dem Werden der Natur entstehen kann. Paracelsus war diesem eng verbunden, als Arzt wie als Alchimist oder Reisender. Ohne jede Romantik beobachtet er. Und dieser Blick ist damals neu. Er ist empfänglich für das Unsichtbare, das uns von überall her durchdringt, das rings um uns wirkt, das jeden Tag ein neues Schauspiel anstiftet. Paracelsus sieht den Baum sprießen, den Birnbaum die Birne hervorbringen, das Heilmittel wirken, die Krankheit voranschreiten. Sehend entdeckt er unmittelbar vor seinen Augen – im wachsenden Kraut, in der reifenden Frucht, im Instinkt des Tieres – die erstaunliche Wissenschaft der Natur: die tausendundein Wunder, die Gott jeden Tag, jede Stunde, jeden Augenblick in ihr bewirkt.

Er ist ihr um so mehr verbunden, als er in dieser bewunderungswürdigen Epiphanie[3] das direkte Wirken Gottes wahrnimmt. Es ist nicht dasselbe wie in der neoplatonischen Tradition, wo vom Seinsgrund bis zum lebenden Wesen eine Reihe von Stufen durchlaufen wird. Die paracelsische Natur ist in ihrem Ursprung direkt auf die göttliche Allmacht gegründet. Man muß jedoch nicht Prophet sein, um von ihr zu künden. Paracelsus verübelt es den Theologen, daß sie sich in Medizinisches einmischen. Von sich selbst sagt er, er habe nicht die Fähigkeit zu prophezeien, aber er glaube über die Gabe zu verfügen, die Dinge im Licht der Natur wahrzunehmen. Schon die Heiden hätten Entdeckungen in diesem als autonom gedachten Lichte gemacht. Es gehe nicht darum, zu beten oder zu fasten, sondern darum, die Mysterien der Natur zu sehen (IX, 337).

Auf der Grundlage dieser Philosophie sind danach die verschiedenen Überlegungen zu verstehen, die Paracelsus zu den einen oder anderen einzelnen Gegenständen anstellt: beispielsweise was er zu

Paracelsus verfaßt auch mehrere astrologisch-politisch-religiöse Prognostikationsschriften, sogenannte »Praktiken«. Hier das Titelblatt einer solchen Vorhersage für das Jahr 1535, mit den beiden Figuren von Mars und Venus.

den Elementen, *matrix*[4] alles Sichtbaren, sagt, zum elementaren Menschen und den Elementarwesen; was er zu den letzten und unsichtbaren Prinzipien aller Dinge sagt, nämlich dem Schwefel, dem Salz und dem *Mercurius* (Quecksilber), sowie zu den Kräften, die er darin wirken sieht; was er vom *archeus* (Teil des unsichtbaren Himmels in uns und in allen Einzelwesen) sagt, der die Entwicklung auslöst und anleitet; was er von den *tartarischen* Krankheiten sagt, die er von den physikalischen Phänomenen des Weinsteins oder des Hagels her begreift, usw.

Es ist nicht notwendig, alle Ausführungen hier im einzelnen darzulegen. Wesentlich bleibt der Hinweis auf das Fundament, auf das sie sich abstützen und von dem aus sie Sinn gewinnen. Diese Grundlage wird induziert durch häufige, sich fortlaufend gegenseitig bestimmende Begriffe: unsichtbare Kraft, verborgene Tugend, Mysterium, *magnalia* – Leben, Wachstum, Offenbarung, Enthüllung – Gestirn, Stern, Himmel, Sideral, Gabe, Ausdruck – Sein-sollen – Entsprechung, Signatur, sichtbar/unsichtbar, außen/innen – Licht der Natur usw. Das Netz dieser Begriffe hilft, das Wesentliche herauszuheben: das Zusammenspiel unermüdlich wirkender Kräfte, die für denjenigen, der sehen kann, das immer von neuem Überraschende hervorbringen.

Und sehen, das heißt Philosoph sein.

Paracelsus stellt sich so auch außerhalb der jüdischen Tradition, die den Menschen strikt von der Natur abtrennt und ihn ganz in die Hände Gottes gibt. Er steht allein vor Jahwe. Sein Schicksal ist eingespannt in die Geschichte: eine Geschichte, die zwischen ihm und seinem Gott spielt und die auch seine Heilsgeschichte ist.

Paracelsus bricht mit dieser Sicht und versetzt den Menschen zurück in die Natur. Wir werden noch sehen, wie der Mensch Natur ist und von ihr lebt. Gleichzeitig aber spricht die Natur in ihrer Vielgestaltigkeit und überfließenden Freigebigkeit von Gott. Dieses dunkle Sprechen gilt es, heute, gestern und jeden künftigen Tag, stets von neuem zu belauschen und zu enträtseln.

Mit dieser Haltung hat Paracelsus an einer festumrissenen Bewegung seiner Zeit teil: der Suche nach einem neuen und festen Grund jenseits aller Institutionen, jenseits aller schriftlichen Fixierungen. Auch Luther will zum echten Urtext, zum Wort Gottes selbst zurückkehren; Paracelsus teilt dies Streben nach den Wurzeln. Was er vorfindet, ist jedoch kein Schriftstück, sondern ein über den Text Hinausgehendes. Dieses »Jenseits« wollen wir nun untersuchen.

III. Die Natur in ihrem Lichte

»Es gibt zwei Eingänge (in die Arzneikunst): der eine ist in den geschriebenen Büchern, der andere ist in der Natur.« (XI, 169)

»Die Natur gibt ein Licht, wodurch sie in ihrem eigenen Scheinen erkannt werden mag.« (XIV, 115)

Dieser in den Abhandlungen von Paracelsus allgegenwärtige Ausdruck hat zu den nachteiligsten Fehlgriffen für sein Verständnis geführt. Oft versuchte man das »Licht« zu bestimmen, indem man auf gleiche oder vergleichbare Äußerungen der philosophischen Tradition zurückgriff, so beispielsweise auf den heiligen Bonaventura, der gerne zu sagen pflegte: *luminis est manifestare*. Er meinte damit, die charakteristischen Merkmale des Wesens offenbar, offenkundig, sagbar zu machen. Paracelsus versteht es anders; es geht weder um wesensmäßige Bestimmungen noch um immer und überall gültige Attribute. Er spricht vielmehr von Kräften, vielfach und doch immer einzig, eingebunden in ihre individuelle Entwicklung zugleich wie ins Werden der Welt. Es ist am Licht der Natur, sie zur Erscheinung zu bringen und zu zeigen. Was ist das Prinzip des Erscheinens?

Es wäre verfehlt, hier die *vis intellectiva* der Scholastiker ins Spiel zu bringen, die eine Leistung des erkennenden Subjekts darstellt. Paracelsus meint dabei nicht, meint nie das Werk menschlicher Intelligenz, auch nicht das Resultat ihrer Tätigkeit. Das Prinzip ist die Natur selbst in der vornehmsten Ausprägung ihrer radikalen Offenbarungskraft, auch wenn es keine Frucht trägt, sondern nur das Innere des Menschen erhellt. Das Licht der Natur entsteht mit anderen Worten nicht etwa, weil ein Subjekt die Fähigkeit hatte, es hervorzubringen und dank seiner eigenen Sehkraft einen zu erkennenden Gegenstand zu erleuchten. Nein, nicht das Subjekt ist der Ursprung des Lichtes; ganz im Gegenteil ist es oft dem Aufscheinen hinderlich. Das Licht leuchtet nicht zwangsläufig und nicht in allen Menschen. Immer wenn ein Mensch sich beispielsweise auf eine Autorität oder eine Lehre versteift oder wenn er sich mit bloß oberflächlichen Zusammenhängen zufriedengibt, wird seine Aufmerksamkeit von der Hinwendung zur Natur selbst abgehalten. Doch auch dieser Ausdruck ist, wie wir gesehen haben, trügerisch, da man nicht wie auf ein Ding aufmerksam sein kann – die Natur ist ja nicht kennenzulernen wie ein Gegenstand. Sagen wir besser, daß die Beschäftigung eines Menschen mit einer anderen Sache seine Aufmerksamkeit in Beschlag nimmt; er kann sich daher nicht in geeigneter Weise freimachen und zur Verfügung stellen, auf daß die Natur in ihm leuchte, in ihm erscheine. Er bleibt dem Äußerlichen verhaftet.

Eine der unverzichtbaren Bedingungen des Erscheinens liegt also genau in dem Punkt, daß der Mensch sich dem Licht verfügbar mache. Was ist damit gemeint?

Sich verfügbar machen bedeutet in erster Linie, den Eigenwillen zum Schweigen zu bringen und sich dem zu eröffnen, was sich zeigen und aussprechen will; es bedeutet, in sich einen freien Raum zu schaffen, wo die Natur – der wir selbst angehören – zu sich selbst kommen kann, indem sie sich als Licht in uns bekundet.

Ohne dies Licht, das sie in uns entzündet, bliebe die Natur unvollendet. Sie neigt selbst dazu, aus dem Zustand der Verborgenheit, der Unkenntnis, mithin der Unabgeschlossenheit herauszutreten. Dieses Ziel erreicht sie nur im Menschen. Der Mensch wiederum wäre unfähig, die Natur offenbar zu machen, wenn nicht sie selbst im wohlgerichteten menschlichen Bemühen zum Bewußtsein ihrer selbst kommen wollte. So strebt sie, die an und für sich nicht offenbar ist, zum Licht, d. h. zu dieser Erfüllung, durch die sie sich im Menschen gegenwärtig wird im Bewußtsein ihrer selbst. Wie ist das möglich?

Möglich ist es, da auch der Mensch selbst Natur ist. Er hat teil an der uranfänglichen Bewegung, die alle Dinge zur Vervollständigung antreibt in Richtung eines höheren Zustandes (vgl. das Kapitel über die Alchimie). Folgerichtig versucht die Natur, in ihm und durch ihn zu höherem Selbst-Bewußtsein und damit auch zu Vervollkommnung zu gelangen.

Es kommt jedoch vor, daß das menschliche Subjekt für den Ruf der Natur taub bleibt; Paracelsus prangert diese Harthörigkeit in seinem ganzen Werk immer wieder an. Dann kann sich das Licht in dem Menschen nicht entzünden, und der Prozeß der Selbstenthüllung der Natur wird blockiert, weil diese den Menschen braucht. Wohl konnte sich Gott bei der Schöpfung damit begnügen, ein Wort auszusprechen, da sein Wort wirkmächtige Kraft verkörpert, gleichsam seine Hände und Füße darstellt (XII, 56). Anders aber die Natur. Sie benötigt Wesen aus Fleisch und Blut, erklärt Paracelsus, um in ihnen Hände, Sprache und Erhellung zu finden. Dadurch wird

Rechts: Hexen, wie sie sich das 16. Jahrhundert vorstellt, beim Beschwören des Wetters.

»Es gibt ein Wissen, welches aus der Kunst des Lichtes der Natur hervorgeht und nicht aus der Spekulation kommt, in der nie ein solches Wissen gewesen ist.« I, 38

gleichzeitig auch die Bestimmung des Menschen freigesetzt. Wahrhaft Mensch ist der Mensch erst, wenn er die allzu menschlichen Werke läßt und der flüchtigen, doch stets gegenwärtigen Natur lauscht, wenn er ihr, die ohne Stimme und ohne Arme ist, seine Zunge und seine Hand leiht. Kurz, er wird ihr Engel, d. h. derjenige, durch den sie sich ankündigt und ausspricht. Und Paracelsus fügt hinzu: *Interpres* sei der Mensch, aber nicht Sophist (XII, 10). Der Sophist beurteilt die Dinge dem Namen und dem äußeren Schein nach, versteht es aber nicht, die Natur in ihrer unsichtbaren Dimension wahrzunehmen (XII, 92).

In diesen Dingen ist Paracelsus unerbittlich, und er greift gelegentlich zu gar harten Worten. Ihm erscheint der Zustand eines Menschen, der derart von seiner eigentlichsten Aufgabe abkommt, als Sünde gegen den Geist.

Wo der Mensch der erleuchtenden Macht, die ihm die Geheimnisse und Wunder der Natur enthüllen würde, den Rücken zukehrt, verschließt er sich gleichzeitig dem höheren Glück dieser Erde, denn ebendiese Geheimnisse sind auch die *magnalia dei*. Und nichts kann den Menschen glückseliger machen als die Erfahrung dieser Wunder, beteuert Paracelsus. Ja er schreibt gar, das Leben müsse unsere größte Freude sein, da doch das Licht der Natur uns die Anschauung der Wunder eröffne, und der Tod sei des Menschen Feind, weil er ihn der Erkenntnis der Arkana[5] und Geheimnisse der Natur beraube (XII, 319).

Paracelsus ist von der Güte des Lichtes, dessen jedermann teilhaftig werden könnte, überzeugt. Wer seiner entbehrt, gleicht dem Eingesperrten in einem Labyrinth, der herumtastet und verzweifelt den Ausgang sucht, ohne Einsicht in seinen Irrweg zu erlangen. Nur durch Zufall kommt er voran oder fällt er zurück, und befände er sich auch gleich neben dem Ausgang, er merkte es nicht. Bloß derjenige, der (wie Paracelsus selbst) sich über das Licht zu erheben vermag und sozusagen von oben herab die darin Eingeschlossenen sich bewegen und herumirren sieht, weiß, was sie tun, weiß, daß ihre Bemühungen umsonst sind, und kann sich entsprechend über ihr Vorgehen ein Urteil bilden.

Der im Äußerlichen befangene Mensch ist nicht frei. Frei zu sein bedeutet für Paracelsus, sich ganz, ohne Ablenkung und Ungeduld, dem Willen der Natur anheimzugeben, so daß sie in uns ein zweites Mal gegenwärtig wird. Es ist wie eine zweite Geburt – auch das ein

Oben links: Holzschnitt aus einer anonymen Flugschrift (Straßburg 1529), die die Syphilisbehandlung mittels Guajakholz propagiert. Links sieht man, wie das kostbare Holz abgewogen und verkauft wird.

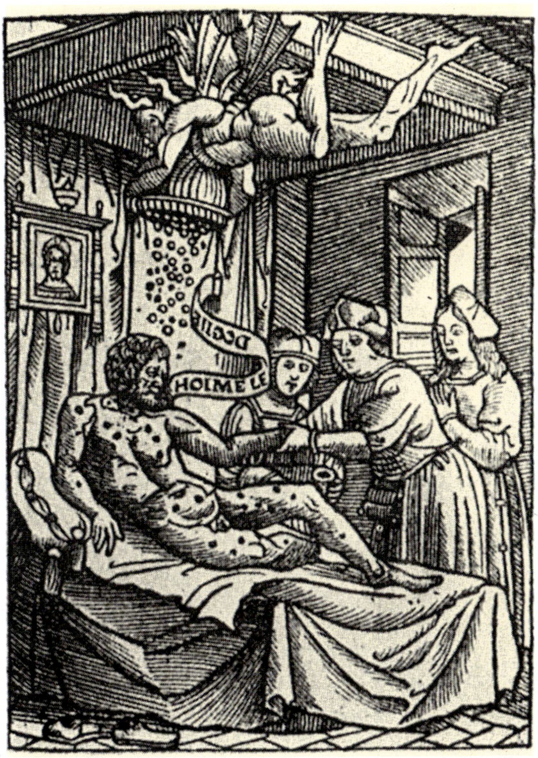

Rechts: Ein Syphiliskranker, von ekligen Geschwüren überdeckt, wird vom Arzt behandelt (Holzschnitt von 1512).

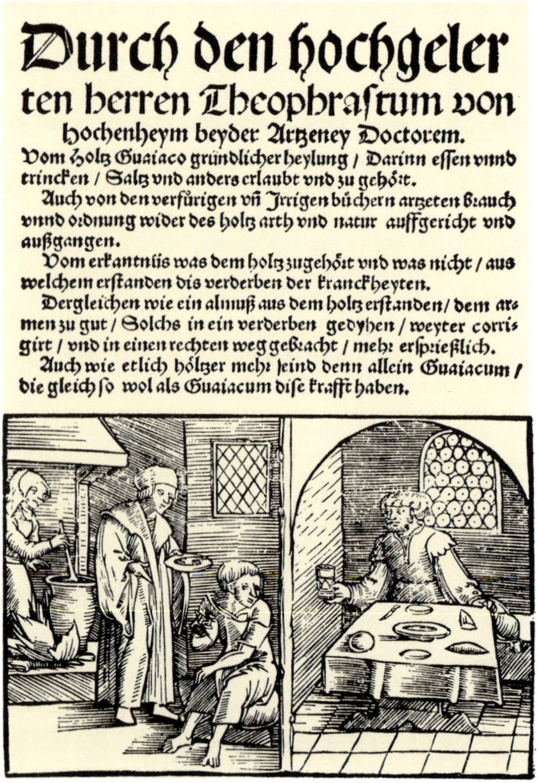

Durch den hochgeler ten herren Theophrastum von hochenheym beyder Artzeney Doctorem.

Vom Holtz Guaiaco gründlicher heylung / Darinn essen vnnd trincken / Saltz vnd anders erlaubt vnd zu gehört.

Auch von den verfürigen vñ Jrrigen büchern artzeten brauch vnnd ordnung wider des holtz arth vnd natur auffgericht vnd außgangen.

Vom erkantnüs was dem holtz zugehört vnd was nicht / aus welchem erstanden dis verderben der kranckheyten.

Dergleichen wie ein almuß aus dem holtz erstanden / dem armen zu gut / Solchs in ein verderben gedyhen / weyter corrigirt / vnd in einen rechten weg gebracht / mehr erspießlich.

Auch wie etlich höltzer mehr seind denn allein Guaiacum / die gleich so wol als Guaiacum dise krafft haben.

Titelblatt zu Hohenheims Schrift »Von dem Holz Guajak«; Paracelsus kritisiert darin die Guajakkur, wie sie von vielen zeitgenössischen Ärzten vertreten wird, und verstößt damit gegen die Handelsinteressen der Kaufmannsfamilie Fugger, die das Holz aus Übersee importiert.

paracelsisches Bild. Das Licht entspringt in der Begegnung zwischen der Natur, die uns aus der Tiefe ihrer Bedürftigkeit anruft, und unserem Bereitsein, unserem guten Willen.

Wo die Begegnung stattfindet, entfesselt die Natur in uns unser Bestes und führt zur Vollendung, was bis anhin bloß Versprechen war. Von da an wird unser eigener egoistischer Wille zum Hindernis. In diesem Sinne ermahnt Paracelsus die irrenden Ärzte seiner Zeit und beschwört sie, ihm zu folgen: Folgt nicht Galen, nicht Rhazes, folgt nicht eurer Geldgier, nicht eurem Machthunger; euer einziger Schulmeister sei die Natur! Lauscht der Natur, und ihr werdet erkennen, was die Krankheit und was das Heilmittel sei! So ermöglicht ihr dem Feuer des Astrums, in euch das Licht zu entzünden, das euch sehend macht und euch verwandelt!

Sehen muß man; nicht sinnieren, nicht berechnen, sondern sehen.

In der Schrift »Von der Bergsucht« (entstanden 1533/34) beschreibt Paracelsus Entstehung, Symptome und Behandlung der Krankheiten von Hüttenarbeitern und schafft damit eine erste berufsmedizinische Monographie.

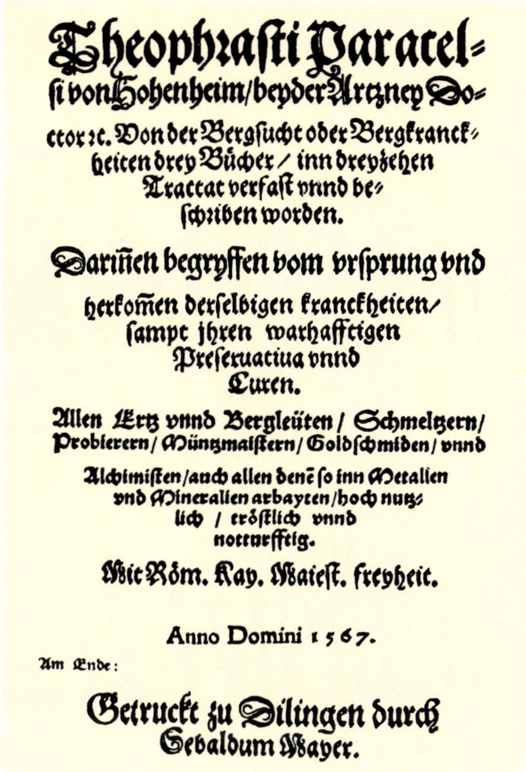

Theophrasti Paracel-
si von Hohenheim/ beyder Artzney Do-
ctor ꝛc. Von der Bergsucht oder Bergkranck-
heiten drey Bücher/ inn dreyzehen
Tractat verfaßt vnnd be-
schriben worden.

Dariñen begryffen vom vrsprung vnd
herkom̃en derselbigen kranckheiten/
sampt jhren warhafftigen
Preseruatiua vnnd
Curen.

Allen Ertz vnnd Bergleüten/ Schmeltzern/
Probierern/ Müntzmaistern/ Goldschmiden/ vnnd
Alchimisten/ auch allen denẽ so inn Metallien
vnd Mineralien arbayten/ hoch nutz-
lich/ tröstlich vnnd
nottürfftig.

Mit Röm. Kay. Maiest. freyheit.

Anno Domini 1567.

Am Ende:

Getruckt zu Dilingen durch
Sebaldum Mayer.

Sehen mit den Augen des Geistes, wenn die Natur uns erleuchtet. Dann wird das Licht der Natur zum Ursprung des Erkennens, des unvermittelten Erkennens.

Wer sieht, zögert nicht. Er weiß. Dies ist der Sinn des neuen *Eides* (»Deutsche Kommentare zu den Aphorismen des Hippokrates«): nicht Vermutungen anstellen (abstraktes Vorgehen), sondern sehend Gewißheit erlangen. Wer sich auf seine eigene bloße Vernunft verläßt und deshalb in sich selbst eingesperrt bleibt, wird verurteilt, ebenso jener, der blind tastet und *experimentiert* (wie Paracelsus es nennt). Der schlechte Arzt erzielt einen Zufallstreffer auf zehn Versuche, und wo er Erfolg hat, weiß er nicht, warum – ganz wie ein Blinder.

Wie aber kann sich die Natur im Sehen zur Erkenntnis bringen? Wir begegnen nun wichtigen Begriffen, auf die wir später wieder

»Darum sollen wir die Kunst in dem Sinne auffassen, daß es für sie keinen anderen Grund gibt, als daß man sie allein mit dem Lichte suche, das wir an der Natur selbst besitzen, und in diesem Lichte wird gefunden, was niemand kennt; und ohne dieses Licht bleiben alle Dinge in der Finsternis, in der gar nichts zu suchen ist.« XII, 152

zurückkommen werden, die der Forschung im Lichte der Natur zugehören: zunächst dem Begriff der Durch-Sicht, d. h. des Erkennens der geheimen Tugenden in den sichtbaren Gestalten, dann demjenigen der Bestimmung der Kräfte in der und durch die Sprache.

Die Signaturenlehre hat seit langem dazu tendiert, beim Vorgang der Erkenntnis der geheimen Kräfte von »Ähnlichkeiten« zu sprechen. Nun sind es aber nicht die formellen Kennzeichen der Ähnlichkeit, die hier das Wichtigste darstellen. Wenn der wahre Arzt aus der Gestalt des Eisenhutes die besondere Tugend der Pflanze herausgelesen hat, dann war schon, was ihm ermöglichte, die Gestalt zu durchdringen, die darin wirkende Kraft. Der Blick, das Aufmerken des Beobachters auf die unsichtbare Natur, verwandelt die Gestalt in Zeichen – nicht umgekehrt.

Die verschiedenen Wesen offenbaren verschiedene Tugenden. Die Tugenden sind gleichermaßen im Unsichtbaren wie im Sichtbaren lesbar, indem das eine das andere erschließt in unendlichem Zwiegespräch. Der Rost macht das Geschwür verständlich, das Gewitter die Kolik, die Sonne das Gold, der Weinstein die Nierensteine usw. – deshalb, weil die Natur überall auf diese Weise doppelt ist und uns durch unaufhörliche Verweisung belehrt. Nicht die Oberfläche der Dinge belehrt, sondern das Licht, das aufgrund der Einheit der Natur Verwandtschaften aufzeigt.

Der Mensch gibt sich preis durch das, was er sagt (seine Worte), was er tut (seine Werke), was er zeigt (seine Physiognomie). Dadurch lesen wir sozusagen in seinem Herzen, aber wir können darin nur lesen, weil unser Blick die Wörter und Zeichen durchdringt, ohne daran hängenzubleiben. Und in einer rückschließenden Bewegung erfassen wir die Worte aufgrund dessen, was sich über das Sprachliche hinaus noch zeigt (was wir unabhängig von den Worten verstehen) und sich dann, aber nur dann, in Zeichen verwandelt.

Zum Sehen und Wiedererkennen kommt das Benennen hinzu. Was ist dies für eine erstaunliche Aufgabe! Wie einst für Adam im Paradies, der den an ihm vorbeiziehenden Tieren Namen gab, handelt es sich in der Gegenwart darum, Kräfte und Tugenden namhaft zu machen (selbst wenn sie weder Gestalt noch Körperlichkeit besitzen). Falls wir uns auf den Wortschatz der Schule beschränken, ist es eine unerfüllbare Aufgabe. Während des Sehens ist eine neue Sprache zu erfinden: Bilder verwenden; einen Begriff mit einem anderen überlagern, verstärken oder entkräften; Geschmeidigkeit des Ausdrucks entwickeln, damit die unsichtbaren Tugenden in neuer Weise und in neur Spannung adäquat wiedergegeben werden. Das immer wieder Neue muß benannt werden, nicht als Kopie einer anderen (früheren), schon verständlichen Welt, sondern als eine ur-sprüngliche Kraft.

Paracelsus hat zeit seines Lebens und ohne Unterlaß um besseren sprachlichen Ausdruck gerungen. Hundertfach kam er, ein Alchimist des Wortes, zurück auf den Versuch, das Unbestimmbare zu bestimmen, was jedes festgeschriebene Zeichen von vornherein vereitelte.

In seinem ganzen Unterfangen, das stets auch ein Kampf war, hielt ihn das hohe Bewußtsein seines Auftrages aufrecht. Dieser Auftrag ist seiner Meinung nach jedem Menschen erteilt. Das Gestirn entlockt dem Birnbaum Blüte und Frucht, indem es dem gefügigen Baum die Wissenschaft der hervorzubringenden Frucht verleiht. Der Baum selbst kennt seine Wissenschaft nicht, auch nicht das Tier oder das Mineral. Nur im Menschen kommt die Natur in solcher Weise zu Bewußtsein und Erkenntnis. So ist es der Wille Gottes. Des Menschen Bestimmung und Berufung ist die Enthüllung der Naturgeheimnisse. Und genau dies bleibt vergessen.

Das Naturwesen kennt die Sünde nicht; es fügt sich dem Befehl des Gestirns und wird von ihm dahin geführt, wo es seine in ihm verborgen liegende Tugend offenbaren muß. Der Mensch dagegen kann sich dem Anspruch taub stellen und im Zustand der Zerstreutheit verbleiben. In dieser Weise ist die gesamte medizinische Wissenschaft blind geworden und hat sich in einem Labyrinth verloren. Denn sie hat die Aufmerksamkeit für die Natur vergessen, die allein den wahren Arzt macht.

»Doch soll sich der Mensch nicht allein an diesem Lichte erfreuen, sondern auch zu dem Lichte, das dem Bildnis Gottes zugehört, und so soll der Mensch in zwei Lichtern leben und keines hindere das andere, sondern sie sind miteinander vermählt wie Mann und Weib.« XII, 11

Paracelsus spricht sehr oft auch von einem anderen Licht: dem »Licht des Geistes«, auch »ewiges« oder »spirituelles Licht« oder »Licht des Heiligen Geistes«. Er erwähnt es vor allem, um es vom »natürlichen Licht« abzuheben, und macht deutlich, daß das Licht des Geistes einzig dem Menschen eigentümlich sei. Nur der Mensch ist berufen, in dessen Glanz sich zu bewegen und zu leben. Es verleiht ihm innerhalb der Schöpfungsordnung eine besondere Würde durch die Eröffnung eines höheren Standes: dem des Gottesreiches.

Einmal mehr muß man sich an dieser Stelle vor falschen Schlüssen hüten, die durch Anwendung traditioneller Muster nahegelegt werden. Es handelt sich hier keineswegs um eine Gegenüberstellung zwischen Glauben und Vernunft oder um den Gegensatz zwischen Philosophie und Offenbarung. Die zwei Lichter sind ganz im Gegenteil Gaben Gottes, die der Mensch nutzen soll (XII, 318).

Es geht aber auch in keiner Weise um die ergänzende, komplementäre Erhellung einer gleichen Wirklichkeit durch zwei Lichter. Durch die Lichter und in ihnen gibt sich jeweils nur *eine* Wirklichkeit, und statt von »Ergänzung« müßte man eher von »Abfolge« sprechen, von Erscheinungsstufen von zunehmend höherer Würde. Doch beide Lichter sind von Gott gewollt, keines vermöchte das andere zu trüben.

Paracelsus will nicht, daß man die zwei verwechsle (XII, 314), und er verachtet jene falschen Propheten, die unter dem Vorwand, sie kennten das letzte Wort der geistigen Weisheit, auf Erforschung der Natur verzichten zu können behaupten. Sie verdüstern die beiden Lichter und werden weder vom einen noch vom anderen mehr erleuchtet. Das ewige Licht hebt Berechtigung und Gültigkeit des natürlichen Lichtes nicht auf, das seinerseits nicht Vorbereitung zu jenem ist. Die beiden Lichter sind weder Gegensätze, noch ist das eine des andern bloße Fortsetzung, sie sind einfach verschieden. Und jedes führt für sich selbst zu seinem Ziel, ohne das andere zu beeinträchtigen.

Die beiden Lichter haben ihren Ursprung letztlich in Gott. Doch ist das Licht der Natur, obgleich es uns die *magnalia dei* enthüllt, nicht imstande, uns das Reich des Geistes zu eröffnen. Falls die Heiligen noch unter uns weilten und Wunder wirkten, könnten wir der Erkenntnis der Natur entraten. Sie würden, wie Gott selbst, durch das reine Wort wirken. Da sie aber nicht da sind, müssen wir uns selbst behelfen, indem wir uns auf das Licht der Natur stützen, das sich voll und ganz in uns entzündet, sobald wir das Gestirn in uns walten lassen.

IV. Die Fülle der Zeichen

»Nichts ist, was die Natur nicht gezeichnet habe, und durch die Zeichen kann man erkennen, was im Gezeichneten verborgen ist.« (XII, 91)

»Die (Kunst der) Signatur ist ganz außer Brauch gekommen und vollständig vergessen worden. Daraus ist großes Irrsal gefolgt: Bisher hat kein Arzt oder Skribent nach rechtem Grund beschrieben, was in den Dingen der Natur sei. Alle haben sie nur nach dem Hörensagen geschrieben.« (II, 86)

Paracelsus zeigt die wesentlichen Kennzeichen seines Vorgehens an mit unaufhörlich wiederholten Ausdrücken wie »offenbar machen«, »zutage bringen«, »zum Licht führen«, »offenbaren«, »entbergen«, »entschleiern«. Dies metaphorische Netz scheint zunächst ganz einfach: sichtbar, augenscheinlich, offenbar machen, was versteckt liegt.

In Wirklichkeit sind die Verhältnisse komplizierter, denn »eine Sache, die versteckt liegt, offenbar zu machen« besteht nicht darin, die Sache umzudrehen und zu schauen, was sich »darunter« oder »dahinter« verbirgt. Es gibt nichts hinter der Sache; die unsichtbare Welt, die es zu benennen oder zu entschleiern gilt, ist keine »andere« Welt. Es ist dieselbe Welt, die wir vor Augen haben, nur durchsichtig gemacht, so daß wir durch sie hindurchsehen, wie die Sonne durch ein Glasfenster strahlt (XII, 204).

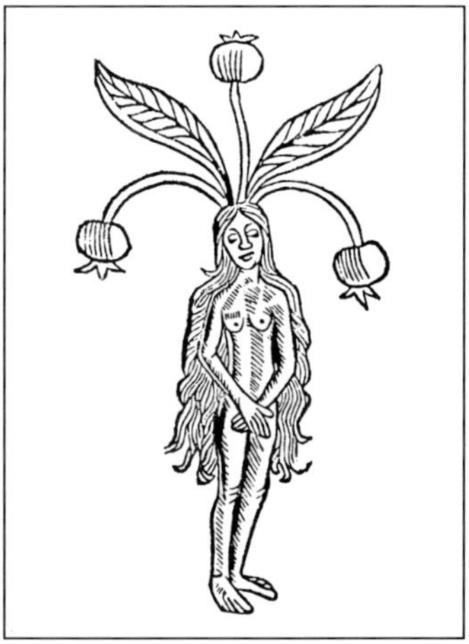

Die sagenumwobene Alraune (Mandragora) mit Wurzel in weiblicher Gestalt; die Pflanze wurde als wirkmächtiges Aphrodisiakum betrachtet (aus dem »Hortus Sanitatis« des Johannes de Cuba).

Der Gedanke, Verstecktes zu offenbaren, kann nur entstehen, wenn wir das Gefühl haben, es sei eben nicht alles schon augenscheinlich. Die Idee der Verborgenheit kann nicht von der Sache selbst ausgehen: Die Sache ist einfach, was sie ist. Für uns aber ist sie Zeichen einer abwesenden Fülle, einer Fülle, die sich preisgeben sollte, die es aber unterläßt. Und dieser Mangel kann nicht aus dem Anwesenden erklärt werden.

Ein Jahrhundert später wird Descartes gleicherweise feststellen, daß wir eine Vorstellung des Unvollendeten bloß haben durch Vergleich mit einer Idee des Vollkommenen, die wir in uns vorfinden, ohne sie selbst ersonnen zu haben. Auch hier ist der Mensch nicht Urheber dieser Fülle, von der sich die Idee abhebt, es sei eben nicht alles enthüllt. Die Fülle ist nichts anderes als die Auswirkung der siderischen Dimension des Menschen in ihm selbst, also von dem, was seine rein sinnenhafte Natur übersteigt – ohne sie würde er auch mit weit aufgesperrten Augen von der unsichtbaren Natur nichts wahrnehmen (X, 583).

Wir verstehen nun bereits, daß die Verborgenheit für ein Subjekt nicht existiert, das sich selbst als außerhalb der Natur stehend erfährt und auf sie menschliche Wünsche und Pläne projiziert. Diese Idee, ab dem 17. Jahrhundert ausgestaltet im Zusammenhang mit der Entwicklung des Ingenieurblickes (d. h. im Zusammenhang mit der Absicht, »Herr und Besitzer der Natur« zu werden und ihr von außen Ziele zu diktieren), spielt hier nicht mit. Es gibt Verborgenes, weil die Natur sich selbst gegenüber verborgen ist. Im Menschen –

Rechts: Darstellung der Erdkugel im Zentrum des Kosmos, durchwirkt von Kräften aus den Sphären der Gestirne (Holzschnitt Dürers zu einer Prognostikationsschrift, 1503).

Links unten: Die Signaturentheorie setzt alle Erscheinungen der Natur zueinander in Beziehung, wobei sich aufgrund von Ähnlichkeiten die tiefere Verwandtschaft erschließen läßt. So dienen beispielsweise Samen des Granatapfels wegen ihrer Ähnlichkeit mit Zähnen als Heilmittel gegen Zahnschmerz.

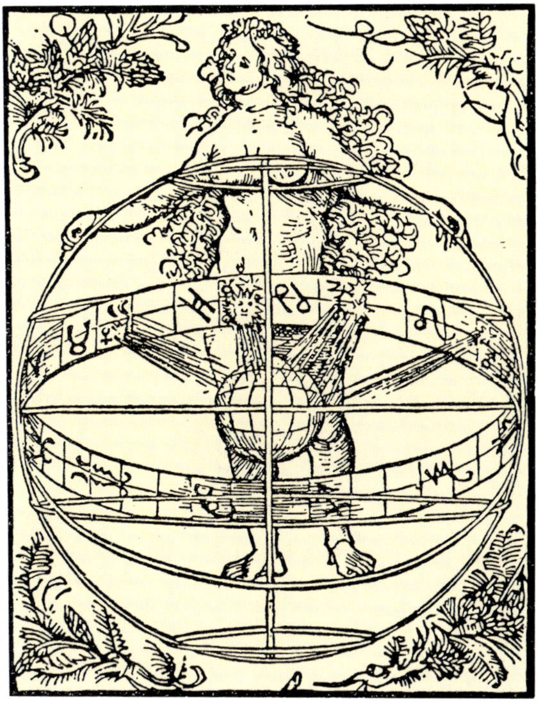

der Natur angehörig – sucht sie zur Erkenntnis ihrer selbst zu gelangen. Aufgrund ihrer Bedürftigkeit also entzündet sie im Menschen das *lumen naturae*; die Erkenntnis wurzelt nicht im stets eitlen Wunsch des menschlichen Subjekts, sondern in der Natur selbst.

Sie gibt uns Zeichen. Wie?

Es gibt kein Zeichen an sich. Im Moment, wo wir sagen, der Eisenhut und das Johanniskraut seien ge-»zeichnet« oder es gebe »Zeichen« am Himmel, ist bereits beschlossen (genaugenommen: wir haben beschlossen, allem Anschein zum Trotz), daß nicht gleichgültig ist, was sich darbietet. Die Theorie der Signaturen macht den verbindlichen Charakter der Forschung deutlich. Nur die Eingeweihten kennen die Zeichen und wissen sie zu entziffern – für Außenstehende gibt es keine Zeichen. So paart sich ein unbegrenzter Deutungswille mit dem sinnstiftenden Glauben an eine weltumfassende Signatur (»Beschriftung«), eine veräußerlichte, überall zu ortende Spur der geheimsten, innerlichsten Tugenden der Natur.

Links: Der französische Mathematiker und Philosoph René Descartes (1596–1650) begründet eine dem Verständnis von Paracelsus diametral entgegengesetzte Auffassung von »Natur«.

Rechts: Nach Ansicht von Paracelsus sind alle Schätze der Erde bezeichnet, damit wir ihnen nachgehen und sie entdecken. Hier verfolgen Bergleute eine Erzader im Gestein (Aquarell aus dem Schwazer Bergbuch, Mitte des 16. Jahrhunderts).

Tatsächlich ist alles be-»zeichnet«: das Heilmittel wie das Gift, die Krankheit wie die Gesundheit, der Mensch wie die Pflanze. Für den Interpreten der Natur ist folglich das, was »drinnen« ist, auch »draußen«, denn »wie es außen ist, ist es innen auch« (VIII, 180). Das *signatum* zeigt nicht den Namen, die Art oder dergleichen äußerliche Kennzeichen eines Wesens an, sondern die Eigenschaft, die in ihm ist (XII, 92). Die Natur hat die Zeichen wie ein Gitter über ihr Werk gebreitet. »Nichts ist, was die Natur nicht gezeichnet habe, und durch die Zeichen kann man erkennen, was im Gezeichneten verborgen ist.« (XII, 91).

Zugleich mit der Theorie der Zeichen wird die Kunst ihrer Entzifferung entwickelt, einer transitiven und dynamischen Lektüre.

Transitiv, da sie sich auf den geheimen Ursprung und die unsichtbare Entstehung der Zeichen ausrichtet. Was in dem Ding Zeichen gibt, ist seinerseits – wir wiesen schon darauf hin – kein Ding, sondern die Spur einer umformenden Kraft, die alle Dinge in eine grundlegende Zweideutigkeit setzt, so daß alles gleichzeitig sich selbst und etwas anderes ist. Von daher ent-deckt sich mit einemmal die Welt von wimmelnden Entsprechungen und Hinweisen, wo beispielsweise das Herz auf die Sonne und auf das Gold verweist, der Eisenhut auf das Auge, das Feuer auf die Epilepsie, das Gewitter auf die Kolik. An diesem Punkt ahnen wir die weiterführende Bewegung, in der eine sich unaufhörlich darbietende Welt nach allen

Richtungen und Möglichkeiten, tausend Ähnlichkeiten folgend, durchlaufen wird.

Dynamisch ist die Lektüre, da sie eine Art lebendiger Dialektik, der Schulphilosophie absolut fremd, einführt, nicht bloß zwischen dem Sichtbaren und dem Unsichtbaren, sondern zwischen allen Wesen der Schöpfung, da jedes einzelne in Kettenwirkung zum Zeichen für ein anderes werden kann. Daraus entspringt eine tiefgegründete Nichtidentität, die alle Dinge und alle Gedanken fließend hält, ohne daß die Hoffnung auf einen archimedischen Punkt bliebe, an dem das Spiel der Enthüllungen angehalten würde.

Die mittelalterliche Seinsordnung ist aufgebrochen, verloren die Sicherheit, die damit verknüpft war. Descartes wird seine beruhigende Methode erst ein Jahrhundert später erfinden. Zwischen diesen zwei Ordnungen ereignet sich die verblüffende Wendung hin zu einem »Grund«, der paracelsischen Natur. Und zwischen den zwei methodischen Instanzen liegt diese neuartige Kunst der Zeicheninterpretation.

Die Natur selbst lehrt diese Kunst. Denn die Arbeit der Deutung, dieser Vermittlungsakt ohne Ende zwischen der sichtbaren Sache und ihrer unsichtbaren Dimension, verläuft nicht nach vorbedachtem Plan des menschlichen Subjektes (II, 8; XI, 164; XII, 479), sondern dank einer *Gabe*, die die menschliche Kunstfertigkeit übertrifft und von der Natur in uns gelegt wird. Keine Bestimmungsmethode könnte uns hier zum Ziel führen. Es liegt wirklich alles an unserer

unabdingbaren Fügsamkeit und Willenlosigkeit, die der Natur ermöglicht, uns Zeichen zu machen und aufzurütteln. Der so zum Philosophen Gewordene gehört nicht mehr sich selbst, sondern steht ganz im Dienste der Natur.

Übrigens wird der Begriff »Enthüllung« nur richtig gewertet, wenn er nicht als Tätigkeit des Verstandes oder als mechanischer Prozeß verstanden wird. In die Würde eines »Enthüllers«, eines wahren Interpreten der Natur, tritt der Mensch nur unter der seltenen Bedingung ein, daß er ganz im Lichte bleibe, das die Natur in ihm entzündet. Andernfalls verharrt er in Blindheit und vollbringt bestenfalls Werke menschlicher Kunstfertigkeit. Er ist dann nicht mehr Interpret der Natur (im doppelten Sinne des Ausdrucks), sondern ein Schwätzer (XII, 480), dessen Worte ohne Verkündungsmacht sind und letztlich bloß auf sich selbst zurückweisen.

Der Interpret langt jedoch nie am Ende seiner Mühen an. Da die Natur von tausenderlei Zeichen überquillt, muß er auch die Bereiche des Natürlichen und des Abnormen, des Natürlichen und des Künstlichen, des Natürlichen und des Übernatürlichen zu trennen wissen. Er muß entscheiden, was der Ordnung der Natur gemäß und was ihr zuwider sei. Solcherart wird der ersten Doppeldeutigkeit, die die Dinge in ihrem Selbstbezug erschüttert, eine weitere, nicht weniger beunruhigende hinzugefügt, die die natürliche Ordnung zu trüben droht. Denn die abweichenden Zeichen sind wohl Zeichen, doch nicht gleich wie die anderen (XI, 376). Und wer sagt uns, ob es ein natürliches Zeichen sei, wenn die Einbildungskraft einer Schwangeren das von ihr getragene Kind zu »zeichnen« vermag? (XI, 314)

Auch wenn Gott also alle Dinge bezeichnet hat, da er nicht will, daß die Wunder der Natur verborgen bleiben, so muß doch der Mensch, angesichts eines von Zeichen überquellenden Universums, den gangbaren rechten Weg auffinden können, der ihn aus diesem offenkundigen Labyrinth herausführt. Um ihn zu finden, muß er zu jeder Stunde auf die Winke der Natur aufmerksam sein (VI, 370), auf die Zeichen, die unaufhörlich erscheinen, um ein Ding durch das andere, ein Zeichen durch das nächste zu erhellen, vergleichbar dem Alchimisten, der ein Metall im Feuer beobachtet und aus den auftretenden Veränderungen auf Reinheitsgrad oder Salzgehalt schließt (XI, 396). Die Aufmerksamkeit auf die Natur bahnt den einzigen Weg, der es erlaubt, kostbares Gold gegen das Blechgeklapper hohlen Geschwätzes einzutauschen.

Um aber noch genauer zu verstehen, was die Signaturenlehre be-

Das Heilbad Pfäfers, wo Paracelsus 1535 Station macht.
Die alten Badehütten lagen in der wilden Taminaschlucht und waren nur auf abenteuerliche Weise – über Seile und hängende Leitern – zu erreichen. Zu den berühmtesten Gästen zählten zur Reformationszeit Huldrych Zwingli und Ulrich von Hutten.

sagt, müssen wir sie auf den Boden jener Wissensanordnung zurückversetzen, die das paracelsische Denken beherrscht. Diese Wissensanordnung geht in der Geschichte der westlichen *Episteme*[6] dem klassischen Denken voraus. Letzteres setzt sich im 17. Jahrhundert durch, hält sich bis etwa 1800 und basiert im wesentlichen auf der Repräsentation (vgl. Anm. 2). Das vorstellende Denken wird vom Subjekt entwickelt und findet seine Bestätigung in der Gewißheit (*certitudo*). Die Begriffe »Subjekt«, »Repräsentation« und »Gewißheit« ergänzen und verstärken sich gegenseitig; sie veranschaulichen die Absicht, von der Wirklichkeit ein erschöpfendes und klar ausformuliertes Bild zu gewinnen, wo jedes Element mit dem anderen verbunden ist, so daß man von einem Ende zum anderen schreiten kann und vollkommene Transparenz erreicht. Alles ist gegenwärtig vorhanden und greifbar, präsentiert nach Ordnung und Maß. Zu diesem Ziel strebt die *mathesis universalis*[7] in allen Fachrichtungen; Carl von Linné gibt ein Beispiel für die Naturwissenschaften, Robert Jacques Turgot für die Ökonomie, Etienne Bonnot de Condillac für die Sprache.

Diese für den Geist so erholsame und beruhigende Ordnung zerbricht im 19. Jahrhundert jäh, um einer anderen Platz zu machen – ohne daß die spätere als Korrektur oder Folge der früheren anzusehen wäre. Als wahrhaft andere regelt sie das Wissen nach einer neuartigen Grammatik, indem sie die Kenntnisse nach dynamischen (nicht mehr nach statischen) und historischen (nicht mehr überzeitlichen) Gesichtspunkten strukturiert. Im Zuge dieser Entwicklung treten in der Ökonomie an die Stelle der Zustandsanalysen des 17. Jahrhunderts die Ideen der Produktion, in der Sprachwissenschaft verliert das Substantiv seine Vorherrschaft zugunsten des Verbums, in den Naturwissenschaften verschwinden die gelehrten Klassifikationen und Tabellen, und man wendet sich biologischen Abläufen zu, Prozessen der Genese, der Entwicklung usw.

Erst im Rahmen solch übergreifender wissenschaftshistorischer Orientierung kann die Wissensanordnung von Paracelsus erhellt und der ihr zustehende Platz in der Geschichte des europäischen Denkens ermittelt werden.

Grundlegender Begriff bei Paracelsus ist die *similitudo*; er herrscht über ein Geflecht untergeordneter Begriffe wie *conspiratio, analogia, convenientia, sympathia* usw. Damit sind nicht etwa literarische Kategorien gemeint, sondern Funktionen, die das Wissen aufbauen und gruppieren. Aufgrund der *similitudo* entsprechen sich alle Dinge der Kleinen und der Großen Welt (Mikro- und Makrokosmos) in vielseitigem und unaufhörlichem Widerhall. Jede Ähnlichkeit bestimmt eine nächste, ohne daß der Bewegung ein Ende gesetzt werden könnte. So entstehen unzählige Verwandtschaften: zwischen Himmel und Erde, zwischen Mensch und Tier, zwischen Berg und Mineral und viele weitere. Die *similitudo* durchzieht den ganzen Kosmos und verwandelt ihn in ein mit vielfältigen, bestimmten Eigenschaften und Qualitäten belegtes Umfeld, wo das Moos nicht beliebig oder zufällig auf dem Stein, auf einem bestimmten zudem, wächst – die Eigenschaften von Moos und Stein treffen sich eben in der Ähnlichkeit.

Die gegenseitige Verflochtenheit zeigt sich überall. Die Natur oder den Menschen zu kennen bedeutet folglich, sie aufgrund ihrer tieferen Verwandtschaft zu verstehen, ausgehend von einem verborgenen Einvernehmen, das dem zerstreuten Auge oder dem ungeduldigen Verstande unsichtbar bleibt. Das klassische Denken geht bekanntlich ganz anders vor: Es entwirft ein System, wo jedes Element eindeutig bestimmt ist gemäß einer einsichtlichen und vernünftigen Ordnung.

Das Denken, das sich nach dem Prinzip der *similitudo* entwickelt, ist arm und reich zugleich. Es ist reich in seiner Unbegrenztheit, da ein Element stets auf das nächste verweist. Arm ist es, da es nie schlüssig wird, immer offenes Versprechen bleibt.

Die tiefliegende Verwandtschaft der Dinge bliebe der Erkenntnis der Menschen vorenthalten, wäre nicht ein Pfad gegeben, sie zu enträtseln. Deshalb finden sich überall auf der Oberfläche der Dinge die Zeichen; von diesen äußeren Signalen der Ähnlichkeit in die Tiefe vordringend, lassen sich endlich auch die geheimeren Übereinstimmungen entdecken. Alles in der Welt ist bezeichnet.

Diese Zeichen jedoch sind nicht willkürlich, nicht konventionell – wie dies dann im 17. Jahrhundert der Fall sein wird. Sie sind selbst untereinander wiederum verbunden durch die Beziehung der Ähnlichkeit; durch sie geleitet, schreitet man von einer zur nächsten fort.

Aus diesem Grunde wird die Signaturenlehre zu einem wichtigen Kapitel der Erkenntnistheorie. Was man wissen soll, ist stets bezeichnet (XI, 393) – wer wüßte sonst, daß der Eisenhut dem Auge verwandt ist? Der Forscher darf sich nicht mit formalen Elementen der sichtbaren Dingoberfläche begnügen. Nach den *caracteres* kann keine taxonomische Einteilung vorgenommen werden (wie dies das folgende Jahrhundert tun wird), es sind *signa magica*, die weiter in die Ferne, weiter in die Tiefe weisen.

Die Zeichen weisen den Weg, dem zu folgen ist. Das Verfahren ihrer Entdeckung und Deutung ist Kunst: eine Art allgemeiner Semiologie, die je nach Anwendungsgebiet unterschiedliche Züge annehmen kann.

So gelangt man beispielsweise durch die *Chiromantia*[8], die *Physiognomia* oder die Erwägung der Äußerungen zu einer besseren Erkenntnis des Menschen. Auch die *Nigromantia*[9] ist eine Kunst der Zeichenbestimmung. Dank der *Magia* liest der kundige Blick die Zeichen des Himmels, während die *Divinatio*[10] die in Träumen erschienenen Zeichen entschlüsselt.

Es ist leicht zu sehen, wie sehr eine derartige Semiologie wirklich »Kunst« sei, das heißt ein Verfahren, das Können, einen treffenden Blick, Scharfsinn und Intuition verlangt. Ganz klar tritt dieser »Kunst«-Charakter hervor, wenn man die *Regulae ad directionem ingenii* von Descartes dagegenstellt, wo eine präzise Bestimmung nach Figur und Bewegung zu geben ist. Hier aber, bei Paracelsus, geht es darum, Zeichen zu entziffern, was nicht allein Geschicklichkeit und Know-how erfordert, sondern auch eine Hermeneutik, die der Geschicklichkeit die Regeln vorgibt. Was zeigt dieses Zeichen, was zeigt es nicht? Der Irrtum wird entlarvt als Lektüre dessen, was das Zeichen gar nicht anzeigt. Beispiel: Wird ein Kind mit sieben Fingern geboren, wäre es verfehlt, dieses Phänomen mit den sieben Planeten in Verbindung zu bringen, weil es hier keine tiefere Zugehörigkeit gibt (XI, 385). Ungeduld, Zerstreutheit oder Eigenwillen verschulden falsche Lesart; Mangel an Aufmerksamkeit, Nachlässigkeit gegenüber dem Licht der Natur verraten sich dadurch.

Der irrende Arzt versagt gleich doppelt: Zuerst mißdeutet er das Zeichen der Krankheit, danach verfehlt er die Signatur des Heilmittels (XI, 108). Trügerischen Zeichen erliegt er oft seines Bücherwissens wegen (II, 56), in jenem Augenblick, da er sich ganz in Geduld und Demut der Offenbarung der Zeichen in ihm selbst eröffnen sollte.

Der richtige Blick ist imstande, von Zeichen zu Zeichen die tiefsten Ähnlichkeiten und geheimsten Übereinstimmungen wahrzunehmen und dadurch die unsichtbaren Kräfte zu entdecken. So rechtfertigt sich das Verfahren der natürlichen Magie. Diese Magie beruht auf der Grundlage von Ähnlichkeiten und der Verwandtschaften, die sie enthüllen. Zuletzt wird es dem *Magus* gar möglich und erlaubt, auf die Wesen selbst einzuwirken, indem er auf ein Bild einwirkt, das ihnen ähnlich und verwandt ist.

So sind zwischen Theorie und Praxis Fäden gespannt, die wir heute nicht mehr zu sehen vermögen. Sie haben ihren Grund in jener Anschauung, von der wir im Zusammenhang mit der Anordnung des Wissens bei Paracelsus eben gesprochen haben. Unsere Handlungen dagegen basieren seit dem klassischen Rationalismus auf der Bestimmung von notwendigen und allgemeingültigen Beziehungen; nur so ist die technische Welt zu begreifen.

Das 17. Jahrhundert verwirft das Ahnungsvermögen – nicht weil man die Natur besser beobachten würde, sondern weil der Aufbau und die Strukturierung des Wissens sich verändert haben. Man denkt anders. Das Ahnungsvermögen versuchte das Ursprüngliche, das Primitive zu überraschen, versuchte die Texte zu entwirren, deren Sinn verloren schien, versuchte sich zu vergewissern mitten im Gewimmel der Zeichen. All diese Dinge stellen für die *Episteme* der Repräsentation bloße Quellen des Irrtums dar; eine Philosophie der Gewißheit verdrängt die ahnungsvolle Anschauung.

V. Das Ringen um das treffende Wort

»Den papierenen Büchern ist nicht zu vertrauen.« (XI, 174)

»Jene Skribenten wollten alle Dinge beschreiben und haben doch von keinem etwas verstanden; sie haben zwar etwas gemacht und geschrieben, nichts aber vom Grund oder aus der rechten Art und Eigenschaft, wie das Schreiben und Deskribieren gehen soll.« (II, 124)

Schwierig ist die Aufgabe jedes Erneuerers. Die überkommene Sprache lenkt seine Rede stets wieder in die Bahnen des Gewöhnlichen, des Gewohnten zurück. Und dennoch – wie entscheidend wichtig ist die unendliche Anstrengung, die schöpferische Intuition eines Werkes in Worte umzusetzen!

Schwierig war die Aufgabe von Paracelsus, von Fußangeln umstellt. Zunächst die Fesseln der Wörter selbst, der fertigen, vorfabrizierten Wörter, der aufgezwungenen Klischees, dann in allgemeinerer Hinsicht die Falle jeglicher Logik, die vom Moment an, da man sich ihr unterstellt hat, alles nach ihren Gesetzen wahrnimmt und verformt, was zu sagen ist.

Schwierigkeiten stellen sich Paracelsus insbesondere, da in der Gelehrtenwelt des frühen 16. Jahrhunderts der Gebrauch des Lateins und der scholastischen Begrifflichkeit fast ausnahmslos üblich war. Diese Sprache und diese Logik hatte man auch dem jungen Paracelsus einzuhämmern versucht, und wie jeder andere Student hatte auch er sie erlernt. Wer kam nur je auf die unsinnige Behauptung, Paracelsus habe bloß deutsch geschrieben, da er das Lateinische nicht meisterte? Jeder auch nur mittelmäßig gebildete Mann damals beherrschte es ausreichend, um sich verständlich machen zu können, um beispielsweise das medizinische Wissen auszudrücken. Die Frage stellt sich in Wahrheit andersherum. Instinktiv hatte Paracelsus das für sein Vorhaben Unpassende und Gefährliche des Lateinischen erkannt. Möglicherweise spürte er die drückende Gewichtigkeit, die es mit sich trägt, mißtraute der Darstellung von »Wirklichkeit«, die es anbietet, und verwarf die syntaktische Gliederung, die es der Rede aufzwingt. Er wußte, daß er sich vor dem Latein mehr als vor jeder anderen Sprache zu hüten hatte. Warum?

Tatsächlich stellt das Latein eine starre Sprache mit streng regelhaftem Ablauf dar, die der eigenartigen Bewegung der Wirklichkeit und der unaufhörlichen, lebendigen Spontaneität der Natur schlecht entspricht. Es steht, von einem bestimmenden Willen geformt, viel

Da schon den Zeitgenossen des Paracelsus seine Sprache schwierig und der Sinn mancher seiner Begriffe dunkel war, gaben zwei seiner Anhänger nach seinem Tode eigentliche Wörterbücher heraus, wo spezifisch paracelsische Ausdrücke erläutert werden. Hier das »Onomasticon« von Adam von Bodenstein, 1575.

eher zu Diensten des gebildeten, zivilisierten, allenfalls ästhetischen Subjektes, als daß es zur Vision der quellenden, schillernden Natur geeignet wäre. Die noch nicht starr ausgeformte Volkssprache ist dank ihrer geschmeidigen Syntax und ihrer Findigkeit in der Prägung von neuen Wörtern eher in der Lage, auszudrücken, was zu sagen wäre (und was schließlich kein Wort, wie auch immer, ganz auszuschöpfen vermöchte); denn sie ist jung, verfügbar, noch nicht verkrustet mit den Assoziationen, die dem Lateinischen oder Griechischen der Gelehrtenwelt anhaften.

Das Latein gehört zum Buch, zum Überlieferten und Repetierten, das vom Gelehrten buchstabengetreu entziffert und wieder ab-

Die Venus; Abbildung aus einer Prognostikationsschrift »durch den hochgelehrten Doctorem Paracelsus« für das Jahr 1537.

Oben: Der Schöpfer segnet die Weltkugel (Holzschnitt, ca. 1496). Gott spricht zu uns durch die Schrift und durch das Buch der Natur: Denn von ihr, die vom Göttlichen verwaltet ist, lernen wir die Geheimnisse.

gerufen wird. Es gehört zur Sphäre des Philologen, des Schriftkundigen, des von der Antike begeisterten Humanisten. Doch der so Gelehrte erkennt nicht, was wahrhaft zu erkennen wäre: Ob den leblosen Buchstaben von gestern vergißt er die Wirklichkeit des Heute. Denn nach Paracelsus bleibt die Realität nicht unverändert erhalten, alles entwickelt sich, reift, stirbt. Der Wind von heute muß uns die Segel schwellen: Der gestrige nützt uns nichts mehr. Wie rüde Paracelsus die Buchstabengelehrten und Skribenten gegeißelt hat, ist wohl bekannt. Nicht die Kenntnis der Schrift macht den Philosophen, sondern die vor unseren Augen aufleuchtende Evidenz hier und jetzt, die gegenwärtige Offenbarung, in welcher die Natur sich uns darbietet.

Um Arzt zu sein, braucht es nicht die Kenntnis der Werke Galens, sondern den geschärften, stets aufs neue aufmerkenden Blick, der im Herzen der Dinge liest.

In diesem Sinne halten uns das Latein und die Bücher bloß von der Möglichkeit einer wahren gegenwärtigen Kenntnis ab, da sie uns durch ihre ganze Art eine bereits formulierte Welt nach eigener Logik vorsetzen, die sich unserem Geist bezwingend aufdrängt. Wie groß ist die Leidenschaft der Gelehrsamkeit! Wenn ein Mensch ihr verfällt, nimmt sie seine sämtlichen Interessen in Beschlag, und ohne zu zögern gibt er das Leben hin für ein Reich toter Buchstaben.

Im Bereich der Gelehrsamkeit geht man von Gleichem zu Gleichem: Diskurs folgt auf Diskurs. Wahre Erkenntnis nach Paracelsus ist ganz anders. Es ist sinnlos, auf die vorgezeichneten Buchstaben zurückzugreifen; ein neuer Diskurs muß geformt werden, der sich selbst erst sucht, damit durch ihn gesagt werde, was noch nie ausgedrückt wurde. Unter Aufbietung aller Kräfte und in unablässigem Bemühen gelingt es so vielleicht, etwas von den Geheimnissen und Wundern der stets überraschenden Natur zur Ahnung zu bringen – eine höchst eigene, subtile, stets neu zu beschwörende Erscheinung.

Wie vieles zeugt von der fast unüberwindlichen Schwierigkeit von Paracelsus, die passenden Worte zu finden! Da sind die unaufhörlichen Reprisen in Vorworten, Ausarbeitungen und Aufsätzen, die zahlreichen Bruchstücke, die angestrengte Suche nach neuen, oft seltsamen Begriffen, die Warnungen, das stete Zurückweisen der Autoritäten und schließlich der unbändige Wille, sich immer wieder von neuem ans Schreiben zu machen. Mehr als 8000 gedruckte Seiten zeugen von der unüberwindlichen Schwierigkeit, das rechte Wort zu erhaschen.

Sobald die Anstrengung erschlaffte, würde sich die inhärente Logik des Diskurses zur Macht drängen und die stets gegenwärtige Gewichtigkeit der Konzepte die Oberhand gewinnen; es setzte sich eine oberflächliche Sprache durch, die im Vergessen beließe, was eben gerade zu offenbaren wäre.

Das von Paracelsus so häufig gebrandmarkte »Vergessen« besteht darin, bloß noch von den sichtbaren, den erfaßbaren Dingen zu sprechen, wie es die gewöhnliche, alltägliche Sprache tut. Paracelsus will jedoch andererseits auch nicht einfach Sequenzen festhalten und niederschreiben nach der Art der späteren Empiristen. Die Wirklichkeit, die er zeigen will, gehört einer anderen Ordnung an: dem Bereich des Unsichtbaren und Nichtobjektivierbaren. Sie besteht in Kräften und Mächten; sie ist Mysterium.

Daher rühren die Schwierigkeiten, da lauert die größte Gefahr.

Die letzte, höchste Aufgabe des Suchenden besteht darin, daß er gewissermaßen dem Unsichtbaren eine Form erwirken soll, daß er in Worte bringt, was nicht Wort ist, daß er mit dem Wort bezeugen muß, was selbst jenseits liegt.

Wie kann man das richtige Wort finden, das offenbar macht, das benennt, ohne seinerseits gleichzeitig zu verschleiern? Wie die ausgelegten Fallen umgehen, wenn nicht mittels eines neuartigen, andersartigen Diskurses mit eigener Syntax, eigenen Verknüpfungen, ja eigenen Begriffen?

In seinem unaufhörlichen Bemühen schmiedet sich Paracelsus Bildbegriffe; er zieht Bilder heran, die sachte, eins ums andere, so weit als möglich näher zur Enthüllung der unsichtbaren, alles durchwirkenden Kräfte heranführen.

Wenn er schreibt: »Nichts blüht ohne Luft, ohne Sonne, ohne Regen« oder »Durch den Regen grünt die Erde und trägt Früchte«, befinden wir uns noch ganz in der sichtbaren, sinnlich wahrnehmbaren Welt; es sind in der Umwelt beobachtete Tatsachen. Doch wenn er schreibt: »Niemand sieht, wie die Sonne die Blume aus der Erde zieht oder wie die Frucht reift«, verlassen wir bereits den Bereich des sinnlich Wahrnehmbaren. Wenn er sagt: »Die Pest schlägt den Menschen wie die Peitsche«, sind wir im Reich der Metapher angelangt; wir verwenden ein Bild des Sichtbaren, um mehr oder anderes auszudrücken als das Wahrnehmbare des Bildes. In dieser Weise ist die Metapher des Magneten zu verstehen, wenn gesagt wird, unser Körper ziehe aus dem Astrum Wissen und Geschicklichkeit an sich, wie der Magnet das Eisen anziehe. Ebenso ist die Metapher von Hunger und Durst unseres Geistes im Hinblick auf das Astrum zu begreifen.

Vielerlei derartige Bildbegriffe hat Paracelsus geprägt: »Astrum« und »Himmel«, »Schwefel«, »Salz« und »Merkur«, »Grund«, »Vulkanus« und manche andere.

Gewiß wäre es nützlich, diese Begriffe alle einer systematischen Durchsicht und Bewertung zu unterziehen und sie untereinander in Verbindung zu setzen. Sie könnten sich gegenseitig erhellen und dadurch die gigantische Anstrengung von Paracelsus deutlicher kundmachen. Denn mit den Mitteln einer klassischen Philosophie kann der Sinn seines Werkes nicht wiedergegeben werden; sein Schreiben überflutet und durchbricht die üblichen Muster, da es sich nach völlig anderen Gesetzmäßigkeiten entwickelt, um endlich eine eigene Stellung zu erobern.

Bilder, Exempel und Metaphern sind die von Paracelsus einge-

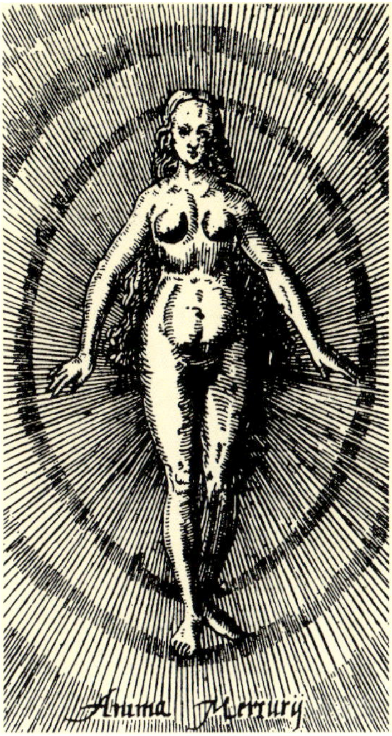

Bilder als Hilfsmittel zur Darstellung unsichtbarer Kräfte: links das »seelische« Prinzip Merkurs (Bezeichnung für Quecksilber), rechts das »geistige« Prinzip des Schwefels. (Holzschnitt aus der »Quinta Essentia« des Paracelsisten L. Thurneysser zum Thurn, 1574.)

setzten Mittel, jene Stellung zu erlangen. Doch diese rhetorischen Figuren lassen sich keinesfalls nach der Art eines logischen Konzeptes festhalten, ihr Verständnis wird nur schwer umschrieben. Eher eröffnen sie ein fast unbegrenztes Feld von Bedeutungen, das sich je nach Entfaltung bewegt und verschiebt. In einer ersten Annäherung erlaubt es, eine grundlegend andere Wirklichkeit zu benennen als die der sichtbaren Welt, die in ihrer grundsätzlichen Andersartigkeit verstanden sein will. Die Bildbegriffe bleiben empfindlich genug, immer wieder neue Konnotationen und Bestimmungen in sich aufzunehmen.

Alles, was der Wahrnehmung verschlossen und unsichtbar, weder objektiviert noch objektivierbar ist, wird dem Denken erst zugänglich durch solche rhetorischen Figuren, die allerdings auch ihre Gefahren bergen. Die Forschung, insofern sie Entwicklung des noch nicht Gedachten und also noch nicht Versprachlichten meint, enthält zugleich die Entwicklung der (sprachlichen) Mittel, das Unerhörte zu erahnen und zu sagen. Sie schafft den Ausdruck, dank dem die Wahrheit erscheint.

Die Anstrengung von Paracelsus, diesen Weg zu verfolgen, ist so riesig und ungeheuerlich wie bei den Vorsokratikern. Der Leser muß ihm auf diesem Weg folgen; er versteife sich nicht auf den Inhalt der Wörter, sondern achte auf deren Vermögen, etwas zur Erscheinung zu bringen. So gelingt es ihm möglicherweise, zu entdecken, was der große Erneuerer in der Volkssprache jenen mitzuteilen versuchte, die ihm das Bemühen – auch heute noch – nachtun mögen.

VI. Der unergründliche Grund

»Aus dem Lebendigen gehet der Grund.« (XI, 176)

»Es gibt keinen anderen Grund als allein das Suchen in dem Licht, das die Natur selbst ist; in diesem Licht wird gefunden, was niemand weiß.« (XII, 152)

Ob es uns unter Vergegenwärtigung alles bisher Gesagten gelingt, die wesentliche, dem ganzen Werk innewohnende Einheit der Suche von Paracelsus aufzufinden? Sie wird uns meist durch einen Begriff bezeichnet, der, auf dem Umweg der Metapher, stets weiter in die Ferne weist, in Richtung einer unzugänglichen Quelle, einer ursprünglichen Kraft, eines geheimnisvollen Bodens, aus dem Sichtbares und Unsichtbares emporsteigen. Von ihm aus entfaltet sich alles.

Dieser Ursprung wird mit dem Wort »Grund« angezeigt, das sich wohl eignet, auf jenes Prinzip zu verweisen, das jeder Offenbarung ihre gleichzeitig unsichtbare und wirkliche Wurzel sichert. Die bedeutungsschwere, immer wieder aufgegriffene Metapher umschreibt, nachdem sie einmal festgelegt wurde, durch die stete Wiederholung eine Denkbewegung, die nicht zu Ende kommt, die im Vollzug, in der Vollendung begriffen ist – ganz wie die Natur fortwährend neu geboren wird. Es hat die Sprache keinen passenderen Ausdruck.

Paracelsus will nicht bloß, wie die Philosophen, von einer Begründung reden; sein Ehrgeiz ist es, seine eigene neue Begründung offenbar zu machen, davon zu sprechen, wie noch nie jemand davon gesprochen hat (X, 278). Das Wort »Grund« weist bei ihm daher vor allem eine Denkbewegung an, eine Rückwendung des Denkens auf sich selbst, die schließlich die Modernität anzeigt. Das soll nun im folgenden dargestellt werden.

Hüten wir uns zuerst einmal vor Mißverständnissen, die dem Begriff »Grund« ganz andere Bedeutungen zuweisen wollen. Auf Anhieb könnten wir gleich in die Irre geführt werden. Ist »Grund« etwa nicht der Boden, auf den man sich abstützt? In diesem Sinne könnte »Grund« die Bedingung angeben, von der ein Urteil abgeleitet wird, die Prämissen eines logischen Schlusses. Die Logiker greifen so auf erste Axiome zurück als auf die wahren Fundamente der ganzen daraus folgenden Deduktionskette. Nie jedoch ist das der paracelsische »Grund«. Dieser signalisiert immer einen Wechsel der Ebenen, während die Logiker auf *einer* Ebene bleiben. Ihr Urteilen sei leer, meint Paracelsus. »Contraria a contrariis curantur, das heißt, Hitze vertreibt Kälte: Das ist falsch, ist in der Arznei nie wahr gewesen!« (VIII, 88/89) Kalt und warm sind zwar logische, nicht aber wirkliche Gegensätze. Wahrer Gegensatz besteht zwischen der Krankheit und ihrem Heilmittel. Diese stehen sich gegenüber, und falls das Arkanum (vgl. Anm. 5) nicht obsiegt, erfolgt der Tod. Das Sehen und Sprechen muß von der Wirklichkeit ausgehen, nicht von einer logischen Ebene; mit Vernunftschlüssen heilt man nicht!

Halten wir auch nochmals fest, daß der »Grund« nicht in Büchergelehrsamkeit, nicht in toten Buchstaben aufgefunden werden kann (XI, 174; XI, 201; XII, 195). Auf diesem Wege dringen wir zu keinerlei echten Erkenntnis vor.

Der »Grund« ist aber auch nicht – das versteht sich fast von selbst – Hypothese oder bloße Berechnung des Menschen; er liegt weder in ihm, noch ist er sein Werk (XI, 204). Wäre die Einsicht durch den Menschen selbst hervorgebracht, würde sie von der Wirklichkeit abgetrennt, ihr äußerlich bleiben. Die Wirklichkeit aber, wir haben das früher gesehen, muß von sich aus offenbar werden. Man muß sich zur Natur, nicht zum Menschen wenden (XII, 152).

Schließlich und selbstverständlich ist der »Grund« nicht sichtbar. Paracelsus macht es uns mittels einer Analogie einsichtig: Wie kennen wir das Herz eines Menschen, wenn nicht durch das Wort? In den Worten und Taten enthüllt sich das menschliche Herz, nicht auf direkte oder sichtbare Art. Von den äußerlichen Signalen her öffnet sich auch der Weg zum »Grund«; er ist Gegenstand der Suche, des geduldigen, unendlichen Nachforschens.

Pflanzen und Minerale können uns denn auch nicht ansprechen, sich nicht direkt an uns wenden (XII, 195). Stumm und unbeweglich liegen sie vor uns. Durch sie hindurch muß man erblicken, was in ihnen ist. Betrachten wir einen Baum: Kraft seiner *scientia* offenbart er, was er ist, die ihm innewohnende unsichtbare Wirklichkeit leitet ihn an, Blätter, Blumen und Früchte hervorzubringen – und er tut es vollkommen (XI, 175).

Wie begegnen wir dieser unsichtbaren, begründeten und schöpferischen Wirklichkeit? Wie begegneten die Apostel dem Heiligen Geist? fragt Paracelsus (XII, 196). Wie kann überhaupt ein Mensch das Nichtwahrnehmbare erfassen, wie von ihm erfaßt werden?

Nun vermag der Mensch nicht allein durch seine Sinne, das heißt auch: nicht allein durch seinen elementaren Körper, zu erkennen.

Eine Vision vom Aufstieg zum Höchsten, zum Erhabensten: Ein Engel geleitet die unsterbliche Seele zum ewigen Licht. (Ausschnitt aus dem »Paradies« von Hieronymus Bosch, um 1500.)

Der »Grund« gehört nicht der Sphäre des sinnlich Wahrnehmbaren an. Die siderische Dimension erlaubt aber auch zu sehen, was mit unseren Sinnen nicht wahrzunehmen ist. Die Anwendung dieses Vermögens enthüllt, was über das Elementare hinausgeht, was zwar nicht vom Elementaren getrennt, aber in ihm verborgen ist. Nichts aber ist so versteckt, daß es nicht in unermüdlicher Suche doch enthüllt werden könnte. Das dem Baume innewohnende Unsichtbare liegt weder in meinem Geist noch sonstwo, auch ist es keine autonome Substanz: Es ist derselbe Baum, in seiner eigensten »Tugend« erkannt, die ihn zu dem macht, was er ist. In dem Licht, das die Natur in mir entzündet, erscheint er in seiner Eigenart. Dies sei unsere Schule.

Es leuchten im Menschen verschiedene »Lichter« (das elementare, das natürliche, das geistige), und jedem ist wesensgemäß sein Recht zuzugestehen, jedes ist nach seiner Weise aufblühen zu lassen. Bittet, begehrt, sucht, klopft an, und euch wird aufgetan (XII, 199)! Diese Lichter sind unsere Lehrmeister, nicht die Menschen.

Im Sinne der positiven Wissenschaften könnte man auch annehmen, daß der »Grund« mit der Ursache zu identifizieren wäre; das Heilmittel zu kennen hieße also, die Wirkung zu kennen, die es hervorbringt. Doch Paracelsus wendet ein, dies sei nicht die wahre Einsicht. Im sechsten Kapitel des *Labyrinthus* nennt er diese Annäherung an die Dinge *experimentum.* »Experiment« meint für ihn die durch platt empirische Beobachtung der Phänomene erworbene Kenntnis des Äußeren, ohne tiefere Einsicht. Daß die *scammonea*[11] abführt, ist eine beobachtbare, beobachtete Tatsache. Damit haben wir vom »Grund« jedoch noch nichts entdeckt; wir bleiben der bloßen Äußerlichkeit verhaftet. Was aber heißt es, eine Sache im »Grunde« zu erkennen?

Es bedeutet zu sehen, wie die *scammonea* gemäß ihrer eigenen »Tugend« wirkt, im Einklang mit diesem Organ oder jenem Organismus, auf bestimmte Weise, zu bestimmter Stunde. Wenn wir die *scammonea* derart in ihrem eigengesetzlichen, typischen Wirken schauen, begegnen wir ihrer *scientia,* lassen sie in uns erscheinen, so daß sie in uns dann gleicherweise anwesend wird, wie sie es in der Pflanze selbst ist (XI, 193).

Gleiches gilt für den Birnbaum: Seine *scientia* wird in uns offenbar (XI, 194). Dies nun heißt bei Paracelsus *experientia.* »Erfahrung« gibt es, wenn sich in uns diese einzigartige Begegnung mit dem Nichtsichtbaren ereignet; in ihr findet der wahre Arzt den »Grund« seines Handelns. Im Moment, da er in dieser Weise sowohl

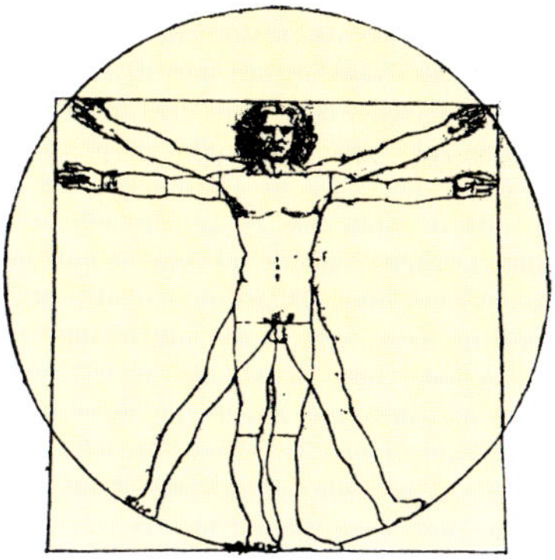

Links: Der Mensch wird stets in größeren Zusammenhängen gesehen, eingefügt in die Harmonie des Kosmos. Rechts ein Holzschnitt aus »De occulta Philosophia« des H. C. Agrippa v. Nettesheim, 1533; unten eine Proportionsstudie von Leonardo da Vinci, 1510.

die Krankheit (wie sie wirkt, sich fortentwickelt usw.) als auch das Heilmittel (dessen Kräfte, Wirkungsweisen usw.) durchschaut, wird er sie in einen Zusammenhang, den richtigen Zusammenhang stellen können. Dann handelt er nach dem »rechten Grund«.

Es ist gar so, daß der Arzt, wenn er zunächst die eine, dann die nächste, dann die dritte Krankheit studiert, nie zur wahren Erkenntnis aller Krankheiten vorstoßen wird, wie sie je, bei allen Menschen und zu allen Zeiten, entstehen. Anders der Arzt, der die Kräfte der Natur kennt, da sie sich ihm in der Erscheinung offenbart haben, so daß er die unsichtbaren »Tugenden« im Sichtbaren wahrzunehmen befähigt wurde. Er gewinnt Einsicht in alle Krankheiten, die ihm je begegnen könnten, sowohl die ihm gerade vorliegenden wie die vergangenen oder zukünftigen (VIII, 86). Was er in Büchern findet, ist immer nur Beschreibung der Dingoberfläche, nie jedoch direkte Schau.

Der wahre Arzt sieht im Kranken hier und jetzt die Krankheit, im Heilmittel die »Tugend«; eine andere Grundlegung der Heilkunst gibt es nicht (VIII, 70). Alles andere ist Täuschung.

Daraus folgt, daß vollkommene Kenntnis immer nur Kenntnis nach dem »Grunde« sein kann (VIII, 87). Er belebt den Buchstaben, er gibt den Erscheinungen Sinn, er regt von innen alles Sichtbare an, ohne daß er davon losgetrennt werden könnte.

Wahrheit ist nach Paracelsus nichts anderes als das Denken nach dem rechten Grund, es ist ein Denken der Schau, der Entbergung; es macht, was Heidegger später *Aletheia*[12] nennen wird. Heidegger spricht ebenfalls von *Lichtung,* was sich etymologisch von »lichten« herleitet: leicht, angenehm, hell machen. Wo es eine Lichtung gibt, scheint alles einfach und klar. Es ist die Wirklichkeit, die dem Geist sichtbar wird – aus eigenem Antrieb, nicht vom Menschen her.

Die Auswirkungen der Kenntnis nach dem Grund sind mannigfaltig. Vom Moment an, da die Natur in Wahrheit erkannt ist, erlebt das zuvor Zerstreute und scheinbar Verbindungslose eine wundersame Vereinheitlichung, weil nun verschiedene Abläufe, verschiedene Bereiche sich in ihrer gemeinsamen Wurzel zusammenfinden. So steht in der *Astronomia magna* (XII, 6), daß die verschiedenen Teile der Astronomie sich nicht feindlich gegenüberstünden, sondern von *einem* »Vater« entsprängen (was die allzu einfältigen und törichten Geister nicht begreifen wollten, wie Paracelsus meint). Und er zieht zur Erläuterung ein Bild heran: Wie man aus dem einen Material Holz sowohl Stühle als auch Messergriffe, Schuhsohlen oder Fensterrahmen herstellen könne, so entstünden auch die verschiedensten Tätigkeiten und Wirkensweisen aus dem einen selben »Grund« (XII, 7).

Diese Vereinheitlichung setzt sich von Bereich zu Bereich fort; derart bildet sich die »Große Welt« (Makrokosmos) in der »Kleinen« (Mikrokosmos) ab. So sieht das Auge des aufmerksamen Philosophen die sichtbare Welt durch die unsichtbare getragen.

Die Schau, erwirkt in der Erleuchtung durch das Licht der Natur, wird erzeugt durch die Liebe. Dieser doppelsinnige, bedeutungsvolle Begriff darf hier nicht mit jener Liebe gleichgesetzt werden, die der Arzt für den Kranken empfindet (sie stellt im übrigen ebensowenig einen klaren Ausdruck dar, da das Gefühl im Denken des Paracelsus kaum Platz findet).

Die Liebe entsteht gerade aus der Kenntnis nach dem Grund; je mehr wir erkennen, desto größer wird die Liebe (XI, 207), denn aus der »Intelligenz«, der »Einsicht« (*intus legere,* darin lesen), erwächst die Liebe. Was ist diese Liebe? Im allgemeinen Sinne strebt die Liebe danach zu vereinigen, was sich liebt. Hier bezeichnet sie die Triebkraft, die den Menschen zur Vereinigung mit der offenbarten Natur drängt. Die Offenbarung besteht in der Enthüllung der Mysterien der Natur; sie sind für Paracelsus nicht Gegenstand der Neugierde, sondern der Erhellung von Wesen und Wirken der Natur. Der Geist, in dem die Erleuchtung wirkt, wird in höchstem Maße in Verwunderung gesetzt und beglückt. Die Liebe ist das Streben, das mich zur Erleuchtung hinzieht. Es ist dies der *Gunst* nahe vergleichbar, von der Kant später sprechen wird, wenn er die Haltung des Kunstliebhabers beschreibt, der sich dem Entzücken öffnet, welches das Kunstwerk in ihm hervorruft.

Wenn der Liebhaber dem Kunstwerk vorab seine eigenen Ideen, seine Vorurteile oder sein Wissen überstülpt, wird es selbst nicht mehr zu ihm sprechen und ihn bezaubern können; sein eigentlichstes Vermögen fällt dahin.

Das Streben der Liebe wird begleitet von Aufmerksamkeit und Erwartung. In solchem Zustand soll der Mensch seine Zeit auf Erden zubringen, nicht in der Zerstreuung (XII, 10). Wer nicht liebt, sieht nichts, und ohne Liebe entsteht keine wahre Kunstfertigkeit, bildet sich kein Arzt (VII, 369).

Dies ist das Streben, womit Paracelsus die Heilkunst (und die Forschung im Gebiete der Naturphilosophie überhaupt) durchtränken will. Es ist, gemessen an der abstrakten, büchermäßigen Medizin, die man ihn gelehrt hat, eine revolutionäre Vision – sehr schön und ebenso utopisch. Utopisch gar, wo es ihn selbst betrifft. Kündet

Die Offenbarung der Natur wird ergänzt durch die Offenbarung des Wortes Gottes in der Bibel. Hier ein Holzschnitt zur »Offenbarung« in der Lutherbibel, 1534 (Apokalypse 1, 13–16: Die Erscheinung des Menschensohnes mit den sieben Sternen in der Hand und dem Schwert im Mund).

nicht die unablässige Wiederholung des immer gleichen Begriffes von der Unmöglichkeit, jenen letzten Grund aufzufinden, von der Unmöglichkeit auch, zu einem Abschluß zu kommen?

Schon in der Idee der Suche ist ausgedrückt, daß die letzte Grundlegung unauffindbar sei. Alle Tage deines Lebens sollst du dich in Bewegung setzen, ohne je auszuruhen. Die Alchimie ist nichts anderes als die Suche nach besseren, reineren, wahreren Visionen oder Zuständen. Diese Suche ist ohne Ende, da mit der absoluten Reinheit gleichzeitig die absolute Erkenntnis erreicht wäre, Wurzel und Quell aller Dinge: Gott.

Wir müssen auch festhalten, daß der paracelsische »Grund« keine statische Wirklichkeit darstellt. Die Natur ist lebendig, in ständigem Werden begriffen; so ist auch der Grund selbst lebendig (XI, 176). Alles Lebendige wächst und reift, und das Forschen nach dem Grund muß dieser Tatsache Rechnung tragen.

Weil der »Grund« reine Wirksamkeit, reine Tätigkeit ist, kann er nicht in der Art eines Ob-jektes ergriffen werden. Die Wirksamkeit wird nur in der inneren Erleuchtung begreifbar, in einer Begegnung eigener Art, nicht als Gegenüber, sondern indem Erkennender und Erkanntes in Einheit erscheinen.

Der Prozeß des Reifens und der dynamische Charakter des Grundes weisen schon hinreichend auf die Unmöglichkeit hin, die Suche nach dem Fundament abzuschließen. Was aber die Nachforschung überhaupt unendlich hält, ist die nicht abbrechende Kette von Ähnlichkeiten und Entsprechungen, mit der jede Kraft, jede Gestalt, jede Tugend auf eine nächste deutet, durch die sie besser erkannt, besser verstanden werden kann. Das Spiel der Zusammenhänge ist, davon war früher bereits die Rede, ohne Ende und führt auf einen Abgrund hin, der schwindeln macht. Nie werden wir an einen Punkt gelangen, welcher der Bewegung Einhalt gebietet; es gibt keine Grenze. Alles bleibt offen. Es ist ein Grund ohne Grund. Die Unmöglichkeit, zum allerletzten Fundament vorzustoßen, schafft innerhalb des Werkes von Paracelsus eine spezifische Spannung. Schon in der Form seines Schreibens drückt sie sich aus: im Satzrhythmus, im Satzbau, in den unvermeidlichen Metaphernketten, alles Vorgehensweisen, die der Unabgeschlossenheit zu entsprechen suchen.

Die Unabgeschlossenheit zeugt auch von der Unsicherheit und Not der sozialen Ordnung und der geltenden Werte zur Zeit von Paracelsus. Die Suche nach dem Grund, die Wiederholungen, der Stil des Werkes, der gesellschaftliche Nonkonformismus und viele wei-

Der Mensch durchbricht das geschlossene Weltmodell des Mittelalters und blickt hinaus in die Unendlichkeit – dieser Holzschnitt stammt freilich, der Stil täuscht, nicht aus dem 16., sondern aus dem 19. Jahrhundert!

tere Züge bilden ein Ganzes, von dem aus erst die Welt und die Dinge verstanden werden können. So hat die Forschung eine offene Art des Philosophierens zur Folge, die das Werk des Paracelsus von allen schulmäßig anerkannten und dargestellten Philosophien unterscheidet. Die Öffnung drückt sich in einer eigenen Sprache aus (die es natürlich zu hinterfragen gälte) und stellt sich als Thema die Suche nach dem Grund.

Paracelsus ist Zeuge einer Zeit, die bedeutende Umwälzungen erlebt, sei es in wissenschaftlichen, medizinischen, spirituellen oder sozialen Bereichen. Allenthalben sehnt man sich nach stabilen Verankerungen (»fester Grund«, »feste Burg«), forscht nach einer neuen Ordnung. Paracelsus denkt sich den Grund, der nicht endgültig bestimmt werden kann, als unsichtbar, ganz wie die neue Ordnung, die in unzugänglicher Ferne schattenhaft erscheint (Utopie).

In diesem nicht aufzuhaltenden Entgleiten des Bodens machen wir ein Kennzeichen der Modernität aus: die Empfänglichkeit für das Unendliche. Paracelsus bricht mit der Vorstellung einer in sich geschlossenen und begrenzten Welt, wie sie beispielsweise von der traditionellen Philosophie geprägt worden war und insbesondere dem mittelalterlichen Denken noch nahelag. Er bricht ebenso mit der Idee, daß in Gott schon alles gedacht sei. So tut er mit seiner Suche nach dem »Grund« eine neue Weltsicht kund, die das Offene annimmt. Die moderne Idee des Unendlichen ist im Entstehen begriffen.

Einblick in Paracelsus' Denkwelt

I. Das Amt des Alchimisten

»Das ist Alchimie: zu Ende bringen, was noch nicht vollendet ist (...). Sie allein ist das, was das Unreine durch Feuer zum Reinen bereitet. Wiewohl nicht alles Feuer brennt, so ist es doch alles Feuer und bleibt Feuer.« (XI, 188/189)

»Jetzt sehet, was Alchimie für eine Kunst sei: Sie ist die Kunst, die das Nütze vom Unnützen trennt und es in seine letzte materiam *und in sein letztes Wesen bringt.« (XI, 189)*

Die Welt, in der wir leben, ist voller Mängel (beispielsweise Krankheiten oder die Ausbeutung des Schwächeren durch den Stärkeren). Sie versorgt uns nicht schon mit allem Notwendigen (um Eisen zu gewinnen, muß zuerst Erz bearbeitet werden; um Brot zu backen, muß zuerst Korn gemahlen werden usw.). Die verborgenen Tugenden und Vermögen der Erde kennen wir nicht (die Wirkung der Arzneikräuter oder der Metalle in der Behandlung von Krankheiten; den Einfluß der Jahreszeiten usw.). Kurz: Die Welt, in der wir leben, könnte man sich idealer vorstellen. Das schlimmste wäre es nun, sich damit zufriedenzugeben, wie es einmal ist, nicht einzugreifen und nicht nach Veränderung zu streben.

Hier setzt die großartige Idee von Paracelsus an: Der Mensch sei geboren, die Welt zu verändern und in einen Zustand höherer Perfektion zu überführen. Dies ist der »kategorische Imperativ« seiner Lehre – sein Ruf. Wer sich diesem Ruf verschließt und sich lieber hinter dem Ofen wärmt, verfehlt seine Bestimmung, verpaßt seine Berufung. Es ist der abstrakte Mensch, um mit Hegel zu sprechen, derjenige, der an der Entwicklung der Dinge nicht teilnimmt und so nur an ihrer Oberfläche bleibt. Das Bemühen, das infolge dieses Appells auf sich genommen wird, bezeichnet die Aufgabe des Alchimisten. Doch was ist ein Alchimist?

Im wesentlichen ist er derjenige, der sich dem Mysterium des umgreifenden Sein-Sollens verschrieben hat, welches die ganze Natur

durchzieht und sie unaufhörlich verändert und umformt. Sobald wir uns dem geöffnet haben, was uns aus der Ferne anspricht, müssen wir an diesem Sein-Sollen teilnehmen und mitwirken, wenn wir nicht scheitern wollen.

Der Alchimist ist der paracelsische Mensch in reinster Ausprägung, jederzeit und überall dazu aufgerufen, die Dinge ihrer Bestimmung entgegenzuführen. Darin entspricht er der Natur, die ihm Beispiel gibt, wenn sie die Frucht reifen läßt oder die Nahrung in Blut verwandelt. Am Menschen ist es, die Aufgabe zu übernehmen und fortzusetzen: Die Arzneikräuter zu destillieren, das Metall aus dem Erz zu gewinnen, aus dem Eisen die Hacke zu schmieden, Farben zu einem Gemälde zusammenzustellen usw. Wo der Mensch dies tut, gehorcht er dem kosmischen Befehl: Er wird zum Vollender und fügt sich dem umgreifenden Transformationsprozeß der Natur ein. Denn alles transformiert sich, im Menschen selbst wie außerhalb des Menschen, im alchimistischen Feuer – hier das sichtbare, dort das unsichtbare Feuer. Durch sichtbares Feuer schmilzt der Mensch das Blei aus dem Erz (XI, 187); durch unsichtbares Feuer verwandelt der Magen (ein anderer Alchimist!) das Brot in Blut. Auch Sterben ist Alchimie, wenn durch die Fäulnis die Gestalt sich auflöst und wieder zu Elementen zerfällt. Das Korn stirbt, um wiedergeboren zu werden. Die Pflanze bringt ihre Quintessenz hervor. Innerhalb wie außerhalb des Menschen entsprechen sich Inneres und Äußeres; die *alchimia microcosmi* wiederholt das umformende, verändernde Mysterium des Makrokosmos (XI, 188).

Das Werk des Alchimisten wird mit Lobpreisungen bedacht. Das Feuer läutert, und in der Verwandlung vom weniger Vollkommenen zu größerer Vollkommenheit bemerkt man stets auch den Übergang vom weniger Reinen zu größerer Reinheit. Das Ziel bedeutet höhere Klarheit: Das Eisen, das in der Hacke oder in der Sichel oder im Säbel zu seiner Bestimmung gelangt, findet eine andere Klarheit, wo sich seine Fähigkeiten, sein eigenes Vermögen manifestieren. So hat es an der Epiphanie der Natur teil. Die Augen sehen das Heilmittel nicht, meint Paracelsus, doch wenn die Destillation das Gewächs transformiert hat, wird das Mittel offenbar wer-

Links: Detail aus einer griechischen Alchimistenhandschrift des 15. Jahrhunderts. Der Drache, der seinen eigenen Schwanz verschlingt, symbolisiert den ewigen Zyklus des Universums. Auch die Farben beruhen auf tieferer Sinngebung; so bedeutet Grün den Anfang, Rot das Ziel des alchimistischen Werkes.

Rechts: Alchimistische Symbole: Tierkreiszeichen, Planetensymbole, magische Charaktere usw. werden zueinander in Beziehung gesetzt. In der Alchimie sind schon seit hellenistischer Zeit zwei Richtungen zu unterscheiden. Während die eine sich mehr auf den praktisch-experimentellen Gebrauch konzentriert, betreibt die andere eher esoterische Weisheitslehre.

den (XII, 168). So zeigt sich das Gemeinsame in der Suche nach der Quintessenz: in der Glasherstellung, der Verdauung, der Reifung einer Frucht, dem Gerinnen der Milch, dem Verhütten des Erzes usw. Es ist die Verwandtschaft zwischen all den Handlungen, welche die natürlichen Bestandteile durch Transformation zu größerer Reinheit führen.

Der beste erreichbare Zustand ist nicht logisch aus dem vorangehenden abzuleiten; es handelt sich nicht um einen einfachen, linear vorherbestimmten Prozeß der Abwicklung. Im Übergang von der Nahrung zum Blut, von der Fäulnis zur Geburt, vom Erz zum Reinmetall liegt etwas Irrationales. Genau dieser qualitative Sprung fasziniert Paracelsus. Diesem Mysterium gilt seine Aufmerksamkeit; er übt eine gewissermaßen »chemische« Schau der Dinge. Die Alchimie hat teil am unendlichen Ablauf der Enthüllung der geheimen Vermögen der Natur, die uns gestern erstaunten, die wir heute bewundern und die uns auch morgen wieder überraschen werden.

Wir sind hier weit entfernt von der Ideologie des Menschen als »Ingenieur«, die im folgenden Jahrhundert durch Descartes befördert wird. Wir sahen, daß für Descartes die Natur vollkommen bewegungslos und mechanisierbar ist, nichts Verborgenes oder Mysteriöses soll in ihr bleiben. So folgt der chemischen und qualitativen Philosophie eine physikalische, und von der sorgsamen Aufmerksamkeit auf die den Geist in Verwunderung setzenden Transformationen geht man über zur Bestärkung und Bejahung der Rechte des souveränen Subjektes. Das Subjekt führt die Natur dorthin, wo es will, wird ihr »Herr und Besitzer«. Es braucht sie nicht in ihrer schillernden Vielgestaltigkeit zu entdecken, da sie ihm transparent ist wie die Vorstellung, die es sich von ihr geschaffen hat: Von vornherein ist sie durch und durch begriffen.

Für Paracelsus ist der Alchimist also keineswegs der Goldsucher oder Goldmacher, es sei denn im übertragenen, symbolischen Sinne als derjenige, welcher gemeines, geringwertiges Metall zu Edelmetall läutert. Was mehr oder weniger unvollkommen gegeben ist, leitet er zu höherer Vollkommenheit (zum Gold, das auch die Sonne bedeutet).

Der Alchimist ist berufen, die Natur zu entdecken und sie durch das Feuer (sichtbar oder unsichtbar, das eine verweist stets auch auf das andere) zu vollenden. Dies ist Alchimie: dem Ziele entgegenzuführen, was noch nicht dahin gelangt ist (XI, 187).

So laufen in der Alchimie zwei Strömungen zusammen: eine Schau und ein Wille (ein Sein-Sollen). Im Ingenieur-Menschen fin-

Personifizierte Darstellung der »Alchimia« (Holzschnitt aus der »Quinta Essentia« von L. Thurneysser zum Thurn, 1574).

det sich nichts dergleichen; die Natur ist nicht da, im Menschen sich zu erhellen. Er reduziert sie im Gegenteil auf ein Bild, das keinerlei Anregung, kein Sein-Sollen in sich enthält; sie entzündet in uns kein Licht, das sie selbst zur Erscheinung bringen könnte.

Wahre »Kunst« (als Kunstfertigkeit, Meisterschaft) nach Paracelsus begreift sich als Fortsetzung des Strebens der Natur. Sobald sich der Mensch ihr eröffnet, fühlt er sich von ihr mitgerissen und nimmt an ihrer Bewegung teil, die die Dinge sachverständig, geduldig und gläubig zum Besseren trägt.

Dadurch gewinnt die Kunstfertigkeit eine neue Würde, da sie die Berufenheit des eingreifenden Menschen anzeigt. Zur Transformation aufgefordert, muß er lernen, schrittweise vorzugehen, den Rhythmen gemäß, die sich ihm – falls er darauf achtet! – im Voranschreiten selbst enthüllen. Der Alchimist reiht Entdeckung an Entdeckung, lernt dabei zugleich, welchen Weg er weiter einschlagen muß, um die Arkana der Natur zu entschleiern; so nähert er sich seinem Ziel. »Denn die Natur ist so subtil und scharf in ihren Dingen, daß sie ohne große Kunst nicht gebraucht werden kann.« (VIII, 181)

So schließt sich der Kreis: Der Alchimist entdeckt die Geheimnisse der Natur, das heißt im wesentlichen die Dimension des Unsichtbaren; je mehr er an Fertigkeit zunimmt, desto tiefer dringt er in das Mysterium der Natur ein, desto geheimer wird seine eigene Kunst *(captatio sui generis)*.

Die alchimistische Geheimlehre gründet nicht auf der Erzeugung von Gold oder sonst einem unmißverständlich benennbaren Anlaß, sondern auf einer Art metaphysischer Komplizität des Alchimisten mit der Natur selbst. Es besteht eine wesentliche Verbindung zwischen den *mysteria naturae* (den *magnalia*), der Aufforderung zur Vollendung und der alchimistischen Kunstfertigkeit. Diese Verbindung drängt den Alchimisten unweigerlich zum Rückzug aus der »Welt«, das heißt, in paracelsischen Begriffen, aus der Sphäre der Vergessenheit, des Geschwätzes und des Bücherwissens.

An dem Aufleben und der Förderung des neuen Menschen arbeitet Paracelsus. Daß die Medizin bevorzugter Ansatzpunkt sei, soll uns nicht erstaunen: Besser als jeder andere weiß der Arzt, daß es sich stets darum handelt, zu transformieren und zu vollenden. Er extrahiert aus den Arzneikräutern die heilenden Essenzen, kämpft mit der Verwendung von Metallen gegen die Krankheit, beschleunigt deren Verlauf, indem er Heilmittel verabreicht usw. Um den Mangel (hier die Krankheit) der Ordnung der Natur gemäß zu beheben, muß der Arzt nach Paracelsus sowohl Astronom (Kenntnis von Klima, Jahreszeiten, Einflüssen), Philosoph (schauende Erkenntnis der unsichtbaren Natur und der Tugenden) wie Alchimist (Erforschung der Mysterien und Intervention) sein.

Die Unvollkommenheit der Welt zeigt sich jedoch nicht nur in den Krankheiten – gleichsam nur punktuellen Mängeln –, sondern in der Natur insgesamt. Alles ist noch unterwegs. Der Alchimist fühlt sich angeregt, alles weiterzuführen; so hat er an der Ordnung teil.

Diese Haltung ist der humanistischen diametral entgegengesetzt. Das bevorzugte Gegenüber ist nicht der Buchstabe, sondern die nie umgrenzbare, nie festgehaltene Natur. Der neue Mensch will nicht seine Kenntnis genießen oder ausnützen; er fühlt sich in etwas ihn Übergreifendes eingeordnet und eingestimmt und nimmt die daraus sich ergebenden Forderungen als unendliche Aufgabe an.

In dieser Hinsicht stellt Paracelsus für die Geschichte des Denkens weit mehr als eine bloße Kuriosität dar; er repräsentiert die Stärke und Tiefe der deutschen Metaphysik. Diese spekulative Metaphysik ist nicht humanistisch im traditionell gewordenen Sinne des Begriffes.

Sie steht sogar einer gewissen Denkgewohnheit des Westens und des Christentums entgegen. Paracelsus weist immer wieder darauf hin, daß die Juden keine echte Naturphilosophie hervorgebracht hätten. Er, der ja selbst die Psalmen kommentiert hat, lenkt die Aufmerksamkeit nicht auf die Heilige Schrift allein, sondern auch auf die Natur. Gott hat durch die Schrift zu uns gesprochen, er spricht durch die Mysterien der Natur noch immer zu uns. Um dieses »Noch« dreht sich alles; es umfaßt die Mahnung sowohl an die Aktualität einer Offenbarung – als auch gleichzeitig an ihre Unfaßbarkeit und Unbeherrschbarkeit. Jeden Tag, zu jeder Stunde soll erlauscht werden, was im Entstehen begriffen *(natura)* ist, um die wunderbare Kreativität der Natur zu verkünden. Der Philosoph und der Alchimist sind ihre Propheten.

Unter dem Einfluß des alchimistischen Meisters, der über einer Figurentafel meditiert, vollzieht sich im Glaskolben der Transmutationsprozeß, beobachtet und kommentiert von drei Schülern (Miniatur aus einer Handschrift des 14. Jahrhunderts).

II. Das Gestirn

»Dem elementaren Leib wird nichts gegeben, sondern allein dem siderischen, in den gehen alle dona *(Begabungen).«* (XII, 210)

»Das Gestirn wirket zusammen mit dem, der da suchet.« (XII, 24)

Das Gestirn – welch heikles Thema ist dies, Anlaß zu unzähligen Mißverständnissen, aber wie wesentlich, wie paracelsisch!

Wie sollen wir vorgehen? Der gelehrte Zugang, der sich buchstabengetreu an die Aussagen klammert, wäre uns von keinem Nutzen. In den Schriften von Paracelsus wimmelt es geradezu von Betrachtungen über das Gestirn, über die Astrologie und die Astronomie, doch sie weichen voneinander ab je nach Abhandlung und Kontext. Daher lassen sich aus seinem Werk mühelos Belege isolieren, wo er die Astrologie und astrologische Praktiken verwirft; doch genauso leicht kann man Aussagen zitieren, die seine überzeugte Befürwortung dieser mysteriösen und unentbehrlichen Kunst beweisen. Die Kommentatoren haben denn auch beides ausgiebig getan und Paracelsus bald auf die eine, bald auf die andere Seite gezogen. All dies ist ärgerlich und verwirrend. Das soll uns freilich lehren, daß im Text von Paracelsus selbst kein endgültiges Urteil zu gewinnen ist, es sei denn, wir faßten die Gesamtheit seines Werkes in den Blick. Vom Moment weg, da wir einzelne Aspekte seiner Lehre auslesen und heraustrennen, verstehen wir nicht mehr. So wollen wir uns nicht auf die einzelnen Buchstaben des komplexen Textes stürzen, sondern ihn nach allen Richtungen hin durchqueren und durchforschen, bis wir zu einer Art »Lichtung« vorstoßen, zu Helligkeit und Klarheit.

Alle Dinge werden durch die Kunst der Astrologie enthüllt werden, verkündet Paracelsus. Was ist diese Kunst, und wer sind diese erfinderischen Männer *(indigatores),* die uns beistehen sollen, die verborgenen Dinge ans Licht zu bringen (X, 622)? Denn in der Tat ist nichts so verborgen, es werde denn enthüllt oder ans Licht gezogen, sei es auf der Erde, am Himmel oder im Meer. Wie könnte die Astrologie eine geringfügige Sache sein, da Gott dem Menschen auferlegt hat zu entbergen, was noch im Dunkel liegt!

Wir wissen auch, daß der Prozeß der Enthüllung nie abgeschlossen ist, hier wie in der Alchimie. Wir werden dies noch besser verstehen, sobald wir gelernt haben, was das Gestirn ist, dies Unsichtbare, das in uns selbst waltet und am Ursprung steht von unserem

Die Planeten in einer französischen Miniatur des 15. Jahrhunderts. Umgeben vom Tierkreis bewegen sich Sonne, Mond, Merkur, Venus, Mars, Jupiter und Saturn (weitere Wandelsterne waren damals noch nicht bekannt); die Erde ruht im Zentrum.

Talent, unserer Kunstfertigkeit, unseren Begabungen und Gedanken.

Erinnern wir uns zur Sicherheit noch, daß mit dem »Himmel«, dem »Astrum« oder dem »Gestirn«, von denen nachfolgend die Rede sein soll, nicht die sichtbaren Himmelskörper gemeint sind. Es handelt sich um Erscheinungen einer anderen, weiteren, unsichtbaren Dimension, die uns und alle Dinge durchdringt. Um sie zu kennen, muß man gewissermaßen sie selbst werden. Wenn ich den Himmel erfahre, ist mein Geist im Himmel, sagt Paracelsus. Aber auch der Himmel ist Geist. Der Himmel und mein Geist begegnen sich, kommen zusammen (XIV, 58).

Die unsichtbaren Kräfte des Gestirns machen es aus, daß eine Pflanze Pflanze, ja genau diese bestimmte Pflanze ist. Sie bestimmen den Menschen, dieser oder jener zu sein, sie sind für seine Geschicklichkeit verantwortlich, sie drängen ihn, sich der Welt zu öffnen, sie rufen ihn zur Vervollkommnung der Natur auf. Dies alles sind Werke des Siderischen.

Es ist nicht, was wir heute Psychologie nennen; Paracelsus beschreibt nicht das Verhalten eines Subjektes. Er versteht den Menschen von einer tieferen Ebene her, als Teil der Welt, in dieser Welt lokalisiert wie jedes andere Naturwesen, mit einem eigenen unsichtbaren »Himmel« (seinem »Gestirn«), im Zwiegespräch mit der Weltseele.

Wie soll man von diesem unsichtbaren Anteil sprechen, der uns innewohnt, wie er allen Dingen innewohnt? Wie kann ein *logos*[13] diesem Vermögen des Gestirns gerecht werden? Wie soll man Astrologe sein, dazu verdammt, beständig auf das Unsichtbare, geheimnisvoll Herrschende zu lauschen und gleichzeitig in der Gemeinsprache die nicht zu fassende Realität zu verkünden? Wie ist es möglich, die Unmittelbarkeit des Himmels in beschränkte, vom Menschen hervorgebrachte Begriffe zu zwängen? Wenn der Mensch doch noch wie Adam vor dem Fall über die Ursprache verfügte, in welcher die Dinge selbst durchschienen! Heute aber verschleiert die Sprache ebensowohl, wie sie klärt.

Das ist der unumgängliche Auftrag des Astrologen! Er soll in Worte bringen, was nicht Wort ist: In diesem maßlosen Sprung lauert die Gefahr, die größte der Gefahren für jede – vergangene oder zukünftige – Astrologie.

Wir sind auf die Macht des Gestirns verwiesen. Doch noch kennen wir sie nicht, haben davon bloß eine leise Vermutung. Aber jedenfalls ahnen wir schon, daß der Astrologe, sobald er in seiner Aufmerksamkeit nachläßt, Gefahr läuft, diese Macht bestimmen zu wollen durch die Festlegung von Kausalitätsbeziehungen zwischen dem Gestirn und den gegebenen Erscheinungen. Damit jedoch träten wir aus der Beziehung der Übereinstimmung heraus in den Herrschaftsbereich des Subjekts, wo aus dem Einfluß eine Vorstellung wird. Viele Fehlschritte der Astrologie finden in dieser Ungeduld oder dieser Unkenntnis ihre Erklärung.

In der Astrologie verkörpert sich eine der Hauptaufgaben des paracelsischen Unterfangens. Da die Begriffe von »Astronomie« und »Astrologie« offensichtlich verschieden verwendet werden, ist es von Nutzen, erst einmal zu betrachten, wie sie sich zusammenfügen.

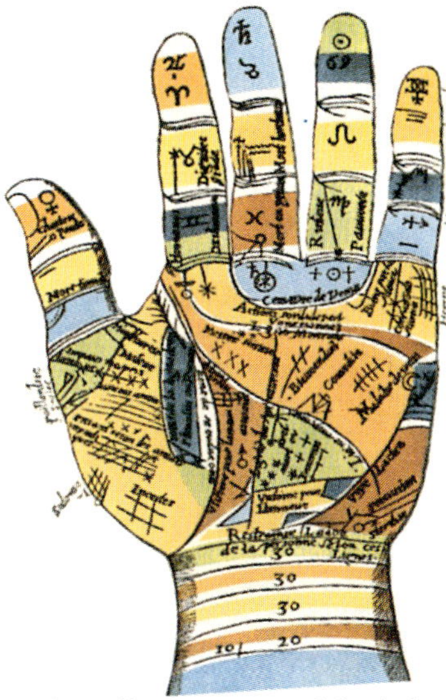

Links: Französische Tarockkarte des 18. Jahrhunderts, in der sich noch Auffassungen mittelalterlicher Astrologie tradieren.

Rechts: Chiromantische Handkarte mit Planetenzeichen. Bis in kleinste Einzelheiten, bis in die Handlinien wurden Verbindungen gezogen zwischen den Gestirnen und dem Mikrokosmos.

Im Mittelalter gehörte die Astronomie dem unverletzlichen *Quadrivium*[14] an und blieb als rein akademische Sache eingefügt in den üblichen Studiengang an der Universität. Darum kann es sich bei Paracelsus offenkundig nie handeln.

Dank arabischem Einfluß nahm dagegen die Astrologie einen beträchtlichen Aufschwung und wurde wieder zum legitimen Gegenstand des spekulativen Philosophierens. Schon damals wurden die beiden Begriffe ständig verwechselt und vertauscht, wobei die Zweideutigkeiten, die dabei entstanden, im allgemeinen der Astrologie zum Vorteil gereichten.

In der *Philosophia mundi* des Wilhelm von Conches liest man, es gebe drei Möglichkeiten, die Himmelskörper abzuhandeln: Man könne als Geschichtenerzähler, als Astronom oder als Astrologe davon sprechen. Der Geschichtenerzähler liebe es, Figuren auszudenken, Konstellationen aufzufinden und zu benennen usw., er schilde-

re die Oberfläche des Himmels und projiziere darauf seine Phantasie. Auch der Astronom beschreibe das Beobachtbare, bestimme es jedoch anders. Er versuche beispielsweise, die Bewegungen der Sterne zu verfolgen und ihre Regelhaftigkeit herauszufinden. Seine Aufgabe sei strenge Beschreibung und Abbildung dessen, was das Auge wahrnimmt. Man müsse hier an die Alten denken und an ihr Bemühen, »die Phänomene zu retten«. Der Astronom erreiche die Wirklichkeit nicht. Der Astrologe erst sage und stelle heraus, was sich hinter den Erscheinungen, den Phänomenen befinde. Die Astrologie erkenne anders: Sie rühre an die verborgene Realität – zumindest sei dies ihr Ziel; sie sei höhere Erkenntnis!

So stand die Astronomie lange im Dienste der Astrologie, ähnlich wie sich die Philosophie im Dienste der Theologie befand. Vielleicht ist dies der Grund, weshalb die Astronomen des Mittelalters so wenig Neigung zeigten, sich methodischen und genauen Himmelsbeobachtungen, die dann auch unabhängiger gewesen wären, zuzuwenden.

Mit Paracelsus verlassen wir jene Spekulationen und Anordnungen. Das Gestirn durchdringt die Welt dank seiner eigenen Macht; es sind wirkliche, konkrete Einflüsse, nicht philosophische Lehrsätze (im traditionellen, nicht paracelsischen Sinne). Bei ihm verweisen die Begriffe »Astronomie« und »Astrologie« beide gleich auf die unsichtbare Wirklichkeit des Gestirns; das ist eine Feststellung von Belang. Es folgt daraus, daß sie sich beide sowohl auf dieselbe Absicht wie auf dieselbe Wirklichkeit beziehen, auch wenn sie sonst, je nach Kontext oder Abhandlung, nicht exakt bedeutungsgleich sind. Denn im weiteren Verlauf der Geschichte wird der Unterschied zwischen *logos* und *nomos* (vgl. Anm. 13) sich zunehmend verschärfen. Die positivistische Evolution wird das Gesetz bevorzugen, also das Beobachtbare, Bestimmbare, Meßbare: die Astronomie, während der *logos,* das Reden von den himmlischen Einflüssen oder der unsichtbaren Realität, mehr und mehr in Verruf kommen wird und keinen Anspruch mehr auf Wissenschaftlichkeit erheben kann. Der *logos* wird in diesen Bereichen zunehmend vom *nomos* entthront.

Für Paracelsus jedoch umfaßt die Astrologie wesentlich die edle Aufgabe und das immer zu erneuernde Bemühen, die unsichtbare Macht des Gestirns zu erforschen, zu entdecken und so adäquat als möglich zu offenbaren. Die ganze sichtbare Welt ist von dieser Macht durchtränkt: Mineral wie Pflanze, Tier wie Mensch. Dies ist die ursprünglichste Einsicht, die sich nicht ändern wird, auch wenn die zu erforschende Wirklichkeit einmal Firmament, ein andermal Himmel, hier Gestirn und dort Astrum genannt wird; das sind bloß verschiedene Wörter für die eine Bedeutung.

Muß noch einmal wiederholt werden, daß bei der Astrologie des Paracelsus nicht, wie bei Wilhelm von Conches, die Rede davon ist, eine Wirklichkeit in Worte zu fassen, die hinter der sichtbaren Welt

Links: Allegorische Darstellung der Astrologie in einer Prognostikationsschrift, Mailand 1500.

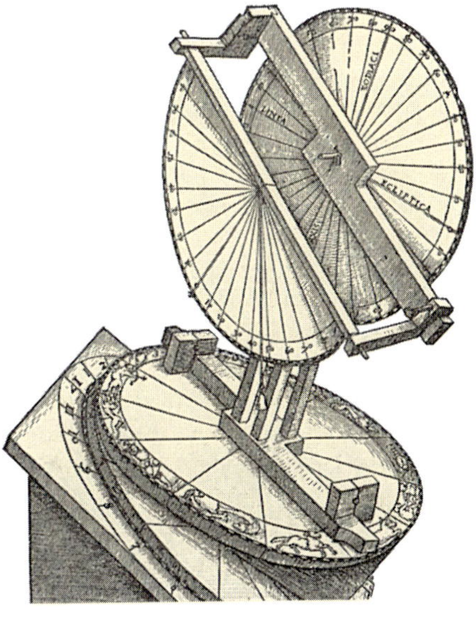

Rechts: Astronomischer Meßapparat, »Torquetum«, aus dem Besitz eines deutschen Astronomen um 1530, diente zur Bestimmung der Höhe von Himmelskörpern.

lokalisiert ist? *Hinter* der Welt der Erscheinungen befindet sich nämlich nichts. Das Unsichtbare hat seine Wirklichkeit *im* Sichtbaren, nicht anderswo. Es ist nicht Substanz, sondern Aktivität. Diese bewirkt, daß die sinnliche und elementare Welt als solche gleichzeitig Offenbarung von mehr als nur dem Sichtbaren ist.

Das Vermögen des Gestirns erreicht dieses Ziel im Sichtbaren auf fast magische Art und Weise. Es da entdecken, schauen zu können setzt den Betrachter in größte Verwunderung. Heute würden wir sagen, in der eigentümlichen Befreiung des sinnlich Wahrnehmbaren liege eine Dimension, die sich der Vernunft entziehe beziehungsweise sie übersteige. Paracelsus sagt es in anderen Begriffen, stärker und weniger negativ: Er spricht von den Wundern der Natur, von den *magnalia,* den *secreta* – ohne jedoch darin eine übernatürliche Kraft zu sehen. Die siderische, von den Gestirnen ausgehende Tätigkeit ist höchst natürlich. Der »Himmel« in uns ist ebenso natürlich wie Regen oder Tau, die von unseren Augen sinnlich wahrgenommen werden. Beharrlich weist Paracelsus immer wieder auf die Verwechslungen hin, die gewisse Wirrköpfe zwischen Natur und Übernatur anstellen. Darüber schreibt er beispielsweise im Prolog zur *Astronomia Magna* (XII, 4), und auch anderswo betont er, daß die siderische Kraft nichts Übernatürliches habe, selbst wenn sie das Fassungsvermögen unseres Verstehens sprenge (IV, 578; XIV, 19). Sie erleuchtet Christen und Heiden gleicherweise.

Wir gewinnen jedoch ein noch umfassenderes Verständnis der paracelsischen Astrologie, wenn wir sie von zwei benachbarten Bereichen abgrenzen, mit denen sie manchmal vermengt wird. Das ist zunächst alles, was sich *unsichtig* in der elementaren Welt abspielt, z. B. die Prozesse, die im elementaren (sinnlichen) Körper eines Menschen ablaufen, der Hunger oder Durst empfindet. Es sind dies Phänomene, die nicht auf den Einfluß des Gestirns im engeren Sinne zurückgehen, aber ebenso eine eigene, mysteriöse und unsichtbare Macht ausüben. Was gibt es Rätselhafteres als Hunger oder Durst? Wie entsteht, wenn man von den einzelnen Elementen ausgeht, so etwas Bewundernswertes wie das Sehen? Im Verstehen solcher Erscheinungen schreitet man immer über die einfache Kenntnis der Elemente als solcher hinaus. Dies ruft in Paracelsus ehrfurchtsvolle Bewunderung hervor.

Während sich das Elementare gleichermaßen »diesseits« des siderischen Einflußbereiches ansiedelt, gehört das Übernatürliche dem »Jenseits« an. Paracelsus verleugnet diesen letzten Bereich keinesfalls, ganz im Gegenteil. Er ist sich bewußt, daß Gott stets in den

In mittelalterlichen Handschriften begegnen wir immer wieder der Darstellung des Menschen im Kräftefeld des Gestirnskreises. Hier die exquisite, höchst verfeinerte Buchmalerei aus dem »Stundenbuch« des Herzogs von Berry, 15. Jahrhundert.

Lauf der Dinge eingreifen kann. Dieses Eingreifen setzt unserem Verständnis der natürlichen Abläufe klare Grenzen. Der Arzt (der immer auch Astronom sein muß) heilt in Ehrfurcht vor den Anordnungen der Natur; er bemüht sich und gibt sein Bestes. Doch wenn

Gott eingreift, sei es, um die Heilung zu verhindern oder zu beschleunigen, muß der Arzt darin seine Grenze erkennen. Das ganze Bemühen von Paracelsus zielt auf die Beschreibung des Herrschaftsbereiches der natürlichen Kräfte. Der Astronom ist nicht Prophet und beschäftigt sich nicht mit übernatürlicher Astrologie; er erforscht die Weite des natürlichen Himmels. Über jene falschen Propheten, die die beiden Ebenen verwechseln und dadurch das Verständnis der einen wie der anderen verunmöglichen, gießt Paracelsus Hohn und Spott.

Derart bestimmt, hat die paracelsische Astrologie nichts mehr gemein mit den scholastischen Spekulationen, welche die Phänomene durch ideale Wesenheiten erklären wollten. Der Astrologe widmet seine Aufmerksamkeit den vielfältigen realen, wenn auch unsichtbaren Kräften, die unaufhörlich die sichtbare Welt durchpulsen. Das dynamische Unsichtbare kann aus der sinnlich wahrnehmbaren Welt nicht herausgelöst oder herausgetrennt werden; es bleibt ihr eng verschlungen und wirkt in ihr auf wunderbare Weise. Um ein Beispiel zu nehmen: Die Geschicklichkeit als besonderes menschliches Talent stellt eine Art »Heimsuchung« des Menschen durch das Gestirn dar. Doch ist die Gabe nicht in sich vollständig; erst im Menschen mit Fleisch und Blut entfaltet sie sich und wird zur Begabung. Ebenso steht es mit der anderen »Heimsuchung« durch das Imaginäre – davon aber später mehr.

Endlich ein letzter Trugschluß, der in der Analyse der feinstrukturierten Sphäre der Gestirnskräfte zu vermeiden ist: die Begriffe des »Inneren« und des »Äußeren«. In der Aussage »Das Gestirn kommt von außen« bezieht sich »außen« nicht auf eine anderswo gelegene Wirklichkeit, sondern bezeichnet etwas, das sich nicht vom Elementaren her erklären läßt, das nicht von da abstammt. Allerdings neigen wir dazu, uns ständig eine räumliche Vorstellung von einer alles umhüllenden Weltseele machen zu wollen. Doch vor solchen irreführenden Verräumlichungen der unsichtbaren Gestirnskräfte müssen wir uns hüten. Ebenso vorsichtig sollen wir mit dem Begriff des »Inneren« umgehen. Ganz klar handelt es sich nie um Introspektion (sie ist noch nicht erfunden worden!), auch nicht um die Selbstbeobachtung des Subjektes. »Inneres« bezeichnet mangels eines besseren Begriffes die enge Einheit von Sichtbarem und Unsichtbarem, die Durchdringung des Sinnlichen durch den Atem des Gestirns, die »Heimsuchung«. Der rechte Blick habe diese Begabung erfahren, meint Paracelsus.

Nach dieser kurzen Übersicht ist es uns jetzt möglich, festzuhalten, daß das Gestirn (der Himmel) weder übernatürliche Wirklichkeit noch ideale Wesenheit, noch subjektive Innerlichkeit ist, sondern ergreifende Macht, die zu ihrer Vervollständigung des Reifens, Wachsens und Entfaltens bedarf.

Können wir auch bereits die Aufgabe des Astrologen, des *astrologus sagax,* näher umreißen? Noch scheint es zu früh; noch hält alles zu stark zusammen, als daß wir einzelne Funktionen von den anderen trennen könnten. Der Arzt, Inbegriff eines vollkommenen Menschen, muß Astronom, Philosoph, Alchimist sein, wobei das eine nicht ohne das andere möglich ist. Um den Himmel zu kennen, muß der Astrologe Zeichen deuten können: den Kometen am sichtbaren Himmel, die Pflanze je nach Jahreszeit, das Johanniskraut nach seiner Signatur usw. Neben dem Zeichenlesen aber muß er auch auf die Entwicklung der Dinge achthaben, auf den Verlauf der Krankheit, auf die Zeit.

Deshalb können wir vom scharfsichtigen Astrologen erst sprechen, nachdem wir uns der paracelsischen Auffassung der Zeit zugewandt haben.

Radierung von Rembrandt mit dem Titel »Alchimist am Werk« oder »Faust« (1651).
Paracelsus ist mit seinem unbändigen Wissensdrang und seiner Neigung zum Okkulten oft als »faustische Gestalt« oder geradezu als Urbild für spätere Faust-Darstellungen bezeichnet worden, und des Bundes mit dem Teufel bezichtigten ihn seine Gegner bereits im 16. Jahrhundert.

III. Die Zeit und der *astrologus sagax*

»Die Zeit ist scharf, denn sie gibt alle Stunden etwas Neues. (...) Wer kann nun ihre Schärfe, ihre Heimlichkeit und ihr Vorhaben verstehen und erkennen? Daher soll der Arzt nicht zu groß tun. Denn es ist ein Herr über ihm: die Zeit, die mit ihm spielt wie eine Katze mit den Mäusen.« (IV, 495/496)

»Die Arznei ist in die Welt gerichtet wie ein Schiff auf das Meer, das keine bleibende Stätte hat, sondern durch den Schiffmann geführt wird nach dem, was ihm begegnet; nicht nach dem gestrigen Wind, sondern nach dem heutigen.« (VII, 148)

Das Gestirn und die Zeit sind eng miteinander verbunden. Der Himmel herrscht nicht zeitlos, wie etwa die starren Lehrgebäude der Schulen, sondern das Gestirn drängt alle Dinge – auch uns selbst! – ihrem zukünftigen Zustand entgegen. Das hat mit der Bewegung der Sterne am sichtbaren Firmament nichts zu schaffen; es geht nicht um äußerliche, mechanische Mobilität. Neu und entscheidend ist, daß Paracelsus die Zeit nicht, wie seit Aristoteles üblich, von der Bewegung ableitet (Zeit als Maß der Bewegung). Die Begriffe, die er zur Erfassung der Zeit verwendet, heißen Reifung, Zerfall, Heilung usw. Die paracelsische Sichtweise bereicherte die Vorstellungen von Himmel und Zeit mit neuem Gehalt, mit Inhalten, die sie, getrennt betrachtet, nicht hätten annehmen können.

Doch bevor wir näher darauf eingehen, halten wir zur Sicherheit nochmals fest, daß Paracelsus die Zeit nicht vom Subjekt her definiert. Der Kirchenvater Augustinus beschrieb die Zeit als einfachen, subjektiv erlebten *punctum,* da die Vergangenheit nicht mehr, die Zukunft noch nicht ist: Zeit als punktueller Übergang. Augustinus zog auch noch das Gedächtnis (was vergangen ist) und die Erwartung (was sein wird) bei, um die Zeit denken zu können, so daß sie zu einer repräsentativen Vorstellung wurde.

Nicht so Paracelsus, der, jeder Philosophie der Vorstellung von Grund auf feindlich gesinnt, die Wesen beharrlich in ihrem Entstehen und Werden erfaßt, in einem Entwicklungsprozeß, dem sie – selbst in Gedanken – nicht entwischen können.

»Es wächst alles zu seiner Zeit in seiner Ordnung, seiner Art gemäß. Diese Zeit ist geteilt, wie die Gattungen verschieden sind, hier so, dort wieder anders. Die Zeit ist also nicht eine einzige Bahn, sondern nimmt tausend verschiedene Wege.« (II, 316) Es gibt keinen universal gültigen chronologischen Ablauf, innerhalb dessen sich eine lineare Entwicklung abrollt. Die Zeit ist keine homogene Größe, sondern das Wachstum selbst der Dinge.

Was wir Tag, Monat oder Jahreszeit nennen, variiert von Wesen zu Wesen, von Region zu Region. »Denn das ist ein Jahr, was von seinem Anfang bis zum Höhepunkt kommt. Solcher Jahre gibt es mancherlei. Das eine dauert vielleicht bloß einen halben Sommer, wie das Jahr der Rosen; ein anderes einen ganzen Sommer, wie etwa das Jahr des Krokus; ein anderes ein vollständiges Jahr, wie des Getreides; ein anderes drei ganze Jahre, so etwa des Wacholders.« (II, 317) Jedes Ding hat so seinen eigenen Sommer, seinen eigenen Herbst.

Paracelsus verwendet die Begriffe »wachsen« und insbesondere »zeitigen«. Er weiß, daß jedes Seiende reifen, seine Zeit haben, in seiner Zeit sein muß. Was zu früh oder zu spät kommt, taugt nicht; es hängt vom richtigen Zeitpunkt ab. Das Unzeitgemäße kann alles verderben (II, 65, 179). Den besonderen Rhythmus der Entwicklung gilt es zu entdecken und zu beobachten. Der Mediziner weiß das besser als jeder andere, da doch jede Krankheit ihrem Stadium gemäß behandelt und geheilt werden muß. Zum Verabreichen der Arznei ist der richtige Augenblick abzupassen. Die Heilpflanze birgt je nach Tag, je nach Jahreszeit, ihrem Sommer oder ihrem Herbst entsprechend, unterschiedliche Tugenden. »Das Terpentin[15] hat seine Stunde und seine Zeit, da es vom Lärchenbaum zu nehmen ist. (...) Und da es in unserer Macht liegt, die Stunde zu bestimmen, um das Terpentin mit seiner balsamischen Tugend zu gewinnen, muß der Arzt in der Kenntnis des Firmaments höchst bewandert sein. (...) Wo das Terpentin zu lange auf dem Baume bleibt, ist es weder Terpentin noch Balsam mehr, sondern ist in sich selbst geronnen wie die Milch, und es ist nichts mehr zu finden.« (II, 65)

Nicht nur der Arzt muß auf die Entwicklung aufmerksam sein, sondern auch der Pädagoge. Dem Kind ist seine Zeit gesetzt zum Lernen, weder zu früh noch zu spät. Die Begabungen, die das Gestirn in einen Menschen legt, müssen sich nach dem Rhythmus entfalten, der diesem einzelnen eigen ist. »So sich nun ein jedes Ding verändert mit zunehmendem Alter, so ändern sich auch die Werke. Und da die Werke sich verändert haben, wozu nützte mir die Rute der kleinen Kinder?« (XI, 135)

Deshalb ist es für den Menschen derart wichtig, im richtigen Moment bereit zu sein, da das Gestirn es erfordert, und den Augenblick nicht zu verpassen, da er aus der eigenen Tiefe heraus aufgerufen wird. Deshalb muß er stets auf das lauschen, was in ihm ruhig her-

Der Kirchenvater Augustinus 4./5. Jahrhundert) nach einem Kupferstich des 18. Jahrhunderts. Augustinus' Einfluß auf das theologische und philosophische Denken des Mittelalters war ungeheuer groß.

anwächst. Der Wille dagegen lenkt ab und stört die Wachsamkeit auf den Ruf des Gestirns, da er seine künstlichen Ziele verfolgt (I, 226: II, 111).

Auch der Geist ist in die Zeit eingebunden. Nicht jeder Gedanke ist zu jeder Zeit möglich (VIII, 212). Und was wir heute denken, ist morgen überholt. Bemerkenswerte Erzeugnisse und Erfindungen entstehen in tiefster Übereinstimmung zwischen der Einwirkung des Gestirns und der Gefügigkeit des Menschen. Groß ist derjenige Mensch, in dem die Gabe gereift und aufgeblüht ist; nie ist es derjenige mit ungeduldigem oder selbstbezogenem Willen. Nur mit Hilfe von achtsamen Menschen kann das Gestirn sein Werk vollbringen. So gedeihen in jedem Zeitalter neue, andere Künste. Den Menschen, in denen sie sich entfalten, folgen neue, andere Menschen, auch sie, wenn auch in unterschiedlicher, anderer Weise, den Einflüssen des Gestirns bereit.

Man begehre also nicht voller Ungeduld, was heute noch nicht zeitig ist. Sich dem zu öffnen, was in und außer uns in Erscheinen tritt *(paritura)*, ist ein Geschenk des Geistes. Die Übereinstimmung ist Gabe und Begabung – und Glück zugleich.

ASTRONOMIA MAGNA:
Oder
Die gantze Philosophia sagax der grossen und kleinen Welt / des von Gott hocherleuchten / erfahrnen / und bewerten teutschen Philosophi und Medici / Philippi Theophrasti Bombast / genannt Paracelsi magni.
Darinn er lehrt des gantzen natürlichen Liechts vermögen / und unvermögen / auch alle Philosophische / und Astronomische geheimnussen der grossen und kleinen Welt / und deren rechten brauch / und mißbrauch / Zu dem andern / die Mysteria des Himlischen Liechts / Zu dem dritten / das verborgen des Glaubens / Und zum vierdten / was die Geister durch den Menschen wircken / etc. Der nie in Truck außgangen.
SIGISMUNDUS FEYRABEND
Mit Röm. Keys. Maiest. gnad und freyheit auff 10. Jar.
M. D. LXXI.

Eines der letzten großen Werke von Paracelsus ist die »Philosophia Sagax« von 1537/38. In einem anspruchsvollen Buch unternimmt Hohenheim die Anstrengung, seine gesamte Weltsicht zusammenzufassen und die Beziehungen zwischen Mikro- und Makrokosmos nochmals darzustellen.

Die Zeit stellt so ein wesentliches Attribut der Manifestation dar; sie entspringt aus der Entwicklung der Wesen und umfaßt in der Tiefe das ganze Universum, Makrokosmos wie Mikrokosmos. Sie wickelt die Kette der Offenbarungen ab, so daß alles zu dem Termin auftritt, der ihm gesetzt ist. Andere Zeiten, andere Künste, andere Krankheiten.

Damit führt Paracelsus eine epochengebundene Auffassung von der Zeit ein: Jede Epoche verfügt über eigene Tugenden, eigene Möglichkeiten, eigene Grenzen. Nicht allein die Pflanze lebt gemäß ihrem Rhythmus, sondern auch der Mensch und die Welt. Der

»Es heißt nicht die Dinge für ewig festzulegen. Denn was kann der Mensch auf Erden Ewiges machen oder aufrichten? Es ist nicht einmal gewiß, ob das, was er morgen aufrichtet, bis zur Nacht bleibt oder nicht. Sondern du mußt in allen Dingen so handeln und wandeln, wie die Zeit es gibt. Die zieht dich ihr nach, und du mußt ihr nach.« XIV, 261

Rhythmus der Pflanze ist derjenige der Blätter, der Blüten und der Früchte. »Ihr seht, wie so mancherlei Art Früchte in der Natur wachsen, und jede hat ihren Termin, wie lang sie wachsen soll. Wenn der Termin erreicht ist, ist die himmlische Wirkung vollendet, dann soll sie gebrochen werden.« (II, 179) Der Rhythmus der Welt ist derjenige der Epochenabfolge. Paracelsus nennt die Gesamtheit der Kräfte, Einstellungen, Einrichtungen, Künste, Kenntnisse usw., die zu einem gegebenen Termin das kennzeichnende Gleichgewicht eines Zeitalters bilden, *Monarchie.* Nun ist »jedes Ding nach seiner Zeit in seine eigene Monarchie gesetzt, und auf das Jetzige sollen wir unsere Aufmerksamkeit lenken und nicht auf das Vergangene. (...) Was nützt der Regen, der vor tausend Jahren gefallen ist? Es ist nützlich derjenige, der heute fällt! Wozu hilft uns der Lauf der Sonne vor tausend Jahren im jetzigen Jahr?« (XI, 127) Anderswo schreibt Paracelsus: »Die Arznei ist in die Welt gerichtet wie ein

Mittelalterliches Denken war sich der »Zeitlichkeit« und Vergänglichkeit des Irdischen in ganz anderer Weise bewußt als wir heute. Dieser Holzschnitt von Albrecht Dürer (1510) zeigt den Tod, der einen Landsknecht auf seine abgelaufene Lebenszeit hinweist.

Schiff auf das Meer, das keine bleibende Stätte hat, sondern durch den Schiffsmann geführt wird nach dem, was ihm begegnet; nicht nach dem gestrigen Wind, sondern nach dem heutigen!« (VII, 148)

Wir treffen hier auf eine realistische Philosophie, die die Dinge im Augenblick ihres Reifens zu erfassen versucht. Die Rhythmen des Reifens sind unterschiedlich und überlagern sich, es gibt längere oder kürzere Schwingungen, es gibt solche, die sich direkt entgegengelagert sind – eine erstaunliche Partitur! Ein Rhythmus erstreckt sich gar von der Weltschöpfung bis zu ihrem Ende. »Nun ist in der Erde eine andere Welt, mit ihrer eigenen Konstellation und eigenen Regionen, ein besonderer *mundus,* wo das Schweigen herrscht. Darauf wißt, daß es in dieser Welt nur ein einziges Jahr ist vom ersten Tag der Schöpfung bis zur Zerbrechung der Schöpfung (Jüngster Tag). Daraus folgt, daß nach diesem Jahr und nach diesem Rhythmus die Dinge wachsen, die *in* der Erde sind; was aber *auf* der Erdoberfläche wächst, gehört nicht jener Welt zu. Verstehet es so: In die Erde ist der Same der Metalle und der Minerale gesät, die ebenfalls ihren Sommer und ihren Herbst haben.« (IX, 523)

Diesem beeindruckenden unterirdischen Rhythmus antwortet als Echo derjenige des Gestirns, der jedem Wesen wiederum einen spezifisch eigenen Rhythmus gebietet. Aber auch das Gestirn als Ganzes, das die Epochen bestimmt, verändert sich. Die unsichtbare Kraft, der Himmel selbst reift. »Der Himmel ist alle Tag in neuer Wirkung; verändert sich täglich in seinem Wesen. Der Grund dafür liegt darin, daß auch er älter wird. Gleicherweise ändert sich ein Kind, das geboren wird, mit zunehmendem Alter; je mehr es sich von der Jugend entfernt, desto anders wird es, und das bis zum *terminum* des Todes. Nun ist auch der Himmel einst ein Kind gewesen, hat auch einen Anfang gehabt, und es ist ein Ende prädestiniert. (...) Darum rede ich von den jetzigen Monarchien: wegen des Alters des Firmaments und der Elemente.« (XI, 135/126)

Deshalb ist nicht alles jederzeit möglich. Die Aufmerksamkeit muß sich stets auf die gegenwärtige Monarchie richten. Von daher erhellt sich auch, warum der Arzt nicht zu den alten Büchern laufen soll, die vor 2000 Jahren geschrieben wurden: Es wirken heute nicht mehr die gleichen Kräfte wie damals, und es existieren Heilmittel, die es früher nicht gab (XI, 136).

Dem Menschen ist also nichts beständig und unverrückbar gegeben – ein verunsichernder Gedanke, der es ihm verwehrt, sich an ewige Wesenheiten zu klammern. Das Geheimste sei, was die Zukunft bringe, meint Paracelsus (XII, 104). Tatsächlich: Wer könnte

Ein Arzt und ein Astrologe betrachten die Sterne und disputieren über deren Wirkung. (Miniatur aus einer Handschrift über den Einfluß der Gestirne auf Gesundheit und Charakter des Menschen, 15. Jahrhundert.)

wissen, was morgen sein wird, wenn der Himmel jeden Tag ändert? Auf die Situation des Menschen wirkt sich diese Tatsache einschneidend aus. Wie soll er diese Idee einer unvorhersehbaren Zukunft ertragen? Wo findet er einen zuverlässigen Bezugspunkt, der ihm trotz allem den Blick auf das Kommende ermöglicht?

Der Gedanke, daß unsere Intelligenz den Weltlauf nicht bemeistern könne, daß dieser nicht die einfache Abwicklung einer »Idee« darstelle, gehört wohl zu den tiefsten Einsichten des paracelsischen Werkes. Martin Heidegger wird zu seiner Zeit und mit anderem Hintergrund wieder sagen, die Geschichte des Seins laufe nicht auf einer Schiene ab, es sei kein dem Geiste transparenter Ablauf. In jeder Epoche gestalte sich das Sein anders. Es sei von keiner anderen, besseren Geschichte zu träumen; die Geschichte des Seins sei die tatsächliche Geschichte.

Da es nun aber so ist, daß wir nicht wissen, was geschehen wird: Wie soll sich der Mensch schützen, der als bedürftiges Wesen in das Spiel der Kräfte verwickelt ist? Wie soll er der steigenden Angst standhalten, da ihm der feste Boden einer sichernden, dauerhaften Philosophie unter den Füßen weggezogen wurde?

Von diesem Moment an gewinnt »vorhersagen« eine andere Bedeutung von »sich versichern«, »sich beruhigen«. Dies paßt durchaus in die Richtung der phylogenetischen Entwicklung. Sind nicht unsere verschiedenen Sinne die Verfeinerungen und Ausgestaltungen eines ersten, ursprünglichen Sinnes, nämlich des Tastsinnes? Die (entwicklungsgeschichtlich) späteren Sinne lassen sich darstellen als Arten des Berührens auf Distanz. Auf Distanz zu berühren bedeutet, eine Gefahr von weitem zu »fühlen«, bevor sie noch das Wesen selbst in nächster Nähe erreicht hat. Der Wunsch, vorauszuschauen, Vorkehrungen zu treffen, die Begegnung vorzubereiten, ist nichts anderes als die Fortsetzung der natürlichen Entwicklung, die den fundamentalen Tastsinn erweitert und in verschiedene sensorische Empfindlichkeiten ausdifferenziert hat. Auch das menschliche Gedächtnis ist zunächst nur ein Vermögen des Vorhersehens, bevor es später rückwärtsgewandte, autonome und subjektive Fähigkeiten entwickelt.

Der Sinn der Astrologie, insofern sie die Ereignisse vorherzubestimmen sucht, erhellt sich aus dieser anthropologischen Gegebenheit. Fraglich ist, ob die Neugier auf die bloßen Ereignisse und Vorfälle nicht selbst schon eine Verstümmelung einer umfassenderen, großzügigeren Veranlagung sei.

Es bedeutet eine bedauerliche und irrtümliche Eingrenzung der Aufgabe des Astrologen, starre Beziehungen zwischen einem gegebenen Zeichen und einem bestimmten Effekt einrichten zu wollen. Es muß falsch sein, da der Himmel sich nie identisch bleibt, da er wächst und reift. Ärgerlich ist, daß durch solche Praktiken in Verruf kommt, was eigentlich einer der edelsten Aufträge des Menschen sein sollte. So steht diese Verstümmelung für eine unleugbare Mißachtung der gebotenen Pflicht.

Nach Paracelsus kann die Vorherschau nur vom ganzen Universum her gedacht werden, nie von einem vereinzelten Punkt. Dieses Universum ist keine »prästabilierte Harmonie«, sondern viel eher Raum der Auseinandersetzung aller Kräfte miteinander oder gegeneinander. Das Gleichgewicht muß stets wieder von neuem angestrebt werden. Es wäre unmöglich, aus diesem widerstreitenden Ganzen eine Größe herauszutrennen, um sie für alle Zeiten auf dieselbe Aussage zu verpflichten.

Dies trifft auch für das Ganze zu; man kann aus ihm keine beständigen, keine unveränderlichen Beziehungen ableiten. Folgerungen sind auf Intuition, also auf direkte, unmittelbare Schau gegründet. Paracelsus hält die Intuition und mithin die Astrologie für eine Kunst.

Es muß zwischen dem *astrologus fallax* und dem *astrologus sagax* unterschieden werden. Der falsche Astrologe betrügt die Welt, er urteilt, als ob die Wesen sich stets gleich blieben. Aber jeder Mensch, jedes Tier, jede Pflanze hat einen eigenen Himmel, der sich alle Tage anders verhält und mit dem äußeren Himmel neue Beziehungen eingeht.

Als Betrüger entlarvt sich der falsche Astrologe auch, wenn er den Menschen zu dem einen oder anderen Himmelskörper in Abhängigkeit setzt. Die Himmelskörper, die eigentlichen Sterne, machen den Himmel nicht aus. Sie sind Elemente des Himmels, die, ganz wie der Mensch selbst oder die Pflanze oder der Stein, von siderischen Kräften durchstrahlt werden. Die Himmelskörper sind des Menschen Doppelgänger; sie wirken nicht direkt auf ihn ein, sondern befinden sich, zusammen mit ihm, im Einflußbereich derselben astralen Kraft.

Der *astrologus sagax* dagegen weiß abzuschätzen, ob ein Wesen reif sei oder noch nicht. Er weiß, ob es gut oder schlecht reifen wird. Er weiß, daß das Gestirn jedem Wesen seine Zeit zuteilt, die Zeit zu wachsen wie die Zeit zu vergehen. Er weiß zudem, daß man die Dinge im richtigen Moment erlernen muß, weder zu früh noch zu spät.

In der Renaissance breitet sich allmählich eine Zeitauffassung aus, der sich Paracelsus mit seiner Sicht entgegensetzt: Die Zeit wird wahrgenommen als regelmäßiger, unveränderlicher, in stets gleiche Stücke segmentierbarer Ablauf. Sichtbaren Ausdruck findet dieses Zeitverständnis in der Entwicklung und Verbreitung von mechanischen Uhren, in deren Fertigung im 16. Jahrhundert große Fortschritte erzielt werden.

Und er weiß noch, daß, was fruchtbar werden soll, schon von frühester Jugend an angestrebt werden muß (VIII, 214).

Dem scharfsinnigen Astrologen ist bekannt, daß der Himmel in tausend einzelne Himmel aufgeteilt ist, wo dem einen eine frühere, dem anderen eine spätere Ernte bestimmt ist. Nicht für jeden hat ein »Jahr« denselben Wert (II, 317).

Daraus leitet der Astrologe die Notwendigkeit ab, den günstigen, richtigen, nie wiederkehrenden Augenblick zu ergreifen. Dadurch erwirbt jeder Zeitpunkt für den weisen Gestirnskundigen ungeahntes Gewicht und eigenen Wert, da die einzelnen Momente unvergleichbar verschieden sind.

Der innere Himmel des Menschen, seine eigene unsichtbare Konstellation, kann sich nur in Verbindung mit dem äußeren Himmel entwickeln und zu voller Entfaltung kommen. Doch darin liegt nach Paracelsus keine Kausalität (bei ihm ist die Kausalität nie eine bestimmende Kategorie!); vielmehr handelt es sich um eine vertraulichere Beziehung, in der unser eigenes Gestirn fortlaufend eine neuartige Wirklichkeit erschafft, die ihren eigenen Gesetzen gehorcht.

In der *Praktik aufs Jahr 1539* ergreift Paracelsus das Wort gegen die Wahrsager, welche die Autonomie der entstehenden Wirklichkeit verkennen, die sich im Dialog mit dem äußeren Himmel bildet und den äußeren Einflüssen *(impressio)* ihre eigene siderische Kraft entgegensetzt.

Wir sehen die Aufgabe des Astrologen mehr und mehr komplex werden. Sie wird noch erweitert, da das Gestirn auch als »Vater« aller Künste, der Intelligenz und der Weisheit betrachtet wird. In dieser Sicht erscheint der Mensch als Schüler des Gestirns; der Himmel ist sein Lehrmeister (XII, 4). Der Geist zieht aus dem Gestirn seine »Nahrung«, aber auch seinen Mut *(virtus),* vergleichbar der Biene, die aus der Blüte den Honig saugt. Der Metaphern gibt es viele: Jeden Tag ernährt das Gestirn den Menschen wie sein Kind; es arbeitet zusammen mit dem Suchenden, gibt aber dem nichts, der sich allzu *witzig* dünkt oder zerstreut ist. Denn die siderischen Kräfte haben ihren Ursprung nicht im Bewußtsein oder im Verständnis des Menschen; sie quellen aus der Tiefe (eine weitere Metapher!) des Himmels. Das Gestirn erlaubt dem individuellen Willen, sich zu Außerordentlichem zu erheben, über sich selbst hinauszuwachsen wie beispielsweise bei Barbarossa und Dürer. Es führt über Pflicht und Willen weit hinaus in die Höhe. In solch außergewöhnlichen Menschen widerhallt die Ganzheit der Welt. Wesentlich ist es, in ei-

Zwei Gelehrte, an Barett und reichgefältelten Schauben kenntlich, betrachten das Firmament und Wettererscheinungen.

ner offenen Haltung zu wirken, nicht in subjektbefangener Beengtheit.

Der Astrologe wiederum ist nicht bloß aufmerksam auf die siderischen Kräfte im Menschen und in den Dingen. Schon das ist viel – fast unmöglich wird seine Aufgabe vollends, da er dem unsichtbaren Reich des Gestirns den *logos,* das Wort, anpassen soll. Auch dies ist Kunst. Wir wissen nunmehr, daß die Begabung vom Gestirn kommt. Der *astrologus sagax,* der vom Himmel heimgesucht wurde mit der *Gabe,* vergräbt seine Talente nicht, um sie unversehrt zu behalten. Er öffnet sich im Gegenteil dem Gestirn, läßt es in sich wirken, gibt ihm freie Bahn, so daß das Gestirn selbst sich im Astrologen aussprechen kann. Es entzündet in ihm das Licht, in dem er sieht, was den körperlichen Augen verborgen bliebe (so wie ein Bauer aus den gemalten Lettern des Psalters keine Bedeutung erschließen könnte). Der Astrologe nimmt dann die siderischen Kräfte in den Pflanzen, den Tieren, den Menschen wahr. Diese Vermögen sieht auch der Arzt, insofern er Astrologe ist, wirken und sich entwickeln oder, im Kranken, gehemmt werden; er erkennt ihre Blüte in den Arzneikräutern und entnimmt daraus etwa den günstigen Zeitpunkt zur Ernte. So versucht der echte Astrologe nicht willentlich das Gestirn zu bestimmen, sondern sich von ihm unterrichten zu lassen, sich ergreifen zu lassen, anstatt selbst zu ergreifen.

Man versteht nun, daß Paracelsus über alle spottet, die den Ursprung aller Begabung im Menschen sehen. Der Weise weiß, daß er niemals nur aus sich selbst heraus spricht; das Gestirn spricht in ihm, spricht durch ihn. Und er ist dann wahrhaft frei.

Die Entdeckung der spezifischen Gestirnskräfte in unserem Inneren ist begeisternd und frustrierend zugleich. Begeisternd, da der von kosmischer Astralität durchdrungene Mensch in ihr die Wurzel seines Ahnungsvermögens, seiner Geschicklichkeit, seiner Intelligenz erkennt und sich selbst begreift aufgrund dessen, was ihn trägt. Er nimmt wahr, wie er in das staunenerregende Abenteuer verwickelt ist, das sich auf die Eröffnung eines Größeren, eines belebenden Umhüllenden richtet. Frustrierend ist die Entdeckung andererseits, da die Kausalbeziehung, die uns so vertraut geworden ist, uns nun als eine restriktive Form des Denkens erscheint. Sie nötigt die Natur, Zug gegen Zug mechanisch vorzugehen, als ob die astrale Dimension nicht existierte. Es ist ein verstümmeltes Denken. Der früchtetragende Birnbaum wisse es besser, meint Paracelsus, als der irrende Arzt, der die hier und jetzt wirkenden Kräfte nicht versteht, sondern sich lebenslänglich damit begnügt, die Anatomie zu kennen. Wir wissen jedoch heute, daß im Zuge der historischen Entwicklung die Auffassungen von Descartes, von Vesal triumphieren werden.

Mit diesen Bemerkungen haben wir versucht, zwischen der »richtigen« und der »falschen«, irrigen Auffassung vom Gestirn eine Trennungslinie zu ziehen. Das mechanische Denken hält Paracelsus für einseitig und vereinfachend. Das höhere Denken aber klammert sich nicht an die Betrachtung der Elemente und ihr sichtbares Verhalten, sondern bemüht sich, der Wirklichkeit in ihrer Fülle und im besonderen dem siderischen Vermögen gerecht zu werden. Es lenkt die Sprache in einer charakteristischen Wendung immer wieder auf sich selbst zurück, lauscht stets von neuem wieder auf das sich erneuernde Gestirn.

So klärt sich nach und nach, von verschiedenen Zugängen her und trotz zahlreicher Hemmnisse, das paracelsische Verständnis von Astrologie. Seine Auffassung ist zweifellos sehr eigen und bezeichnet eine einzigartige Kunst in der Verbindung des Gestirns (in seinen unterschiedlichen Benennungen) und des Astrologen mit seiner ihm zugewiesenen Aufgabe. Ihre Schwierigkeit wird ungeduldige Schüler immer abschrecken; sie sind ungeduldig, zu sprechen und vorherzusagen, ungeduldig, alles im Lichte des Subjekts selbst zu verstehen, ungeduldig auch, vor der Menge zu glänzen.

Wenn die Astrologie richtig verstanden wird, ist sie nicht allein Kunst, sondern auch die Offenbarung der Einheit aller Künste. Das Gestirn ist ja wahrhaft die Matrix (Paracelsus sagt: »der Vater«) der Künste (XII, 23), es steht am Ursprung ihrer Vielfältigkeit, ihrer Verschiedenheit und ihrer Entfaltung. Da sie alle Kinder des Gestirns sind, kann keine Kunst der anderen feindlich sein. Ohne das Gestirn ist Kunst nicht wahre Kunst, sie vollendet sich erst, wenn ihre Beziehung zum unsichtbaren Himmel als ihrem Quell hell und klar offenbart wird.

Noch sind übrigens nicht alle Künste erfunden. Entsprechend der Lehre vom unaufhörlichen Reifen aller Dinge, glaubt Paracelsus behaupten zu können, daß jede Epoche neue Künste hervorbringen werde. Unsere Bestimmung kann deshalb nicht sein, bei dem zu verbleiben, was uns gegenwärtig möglich und gegeben ist, oder gar nach rückwärts zu schauen. Im Sinne des Gestirns sollen wir voranschreiten.

Denn das Gestirn ruht nie. Tag und Nacht ist es tätig, unaufhörlich ruft es uns auf. Dem Suchenden kommt es entgegen, gefällig dem *astrologus sagax* (der auch *tiefsichtig* genannt wird). Daher muß die Kunst des Astrologen in Ehren gehalten werden.

Nur schon weil die Astrologie eine Kunst und nicht etwa irgendeine Technik ist, gebührt ihr Ehre. Sie setzt Geduld voraus und die Bereitschaft, sich überraschen zu lassen; sie ist nicht Kunst der Beherrschung, sondern der Ahnung, die uns mit dem himmlischen Vermögen in Verbindung setzt. Diese Kunst enthüllt dem Menschen seine zwar unsichtbare, deshalb aber nicht minder wesentliche Verwurzelung, die ihn durchdringt, ihn zum Kosmos öffnet und ihn Früchte tragen macht. Das Gestirn zeigt in der Höhe die Richtung an, die das Werk der Vollendung nehmen muß, an dem Alchimist und Astrologe mit vereinten Kräften mitwirken.

Um die Natur des Menschen zu bestimmen, griff das Christentum stets auf den Schöpfungsbericht der Genesis zurück: Gott schuf den Menschen aus dem Lehm der Erde und hauchte ihm seinen Atem ein (»Das Paradies« von Lucas Cranach d. Ae., 1472–1553).

IV. Die Natur des Menschen

»Der Mensch, der nicht weiß, wer er ist und was er ist, mißachtet sich selbst und legt keinen Wert auf sich.« (Cod. Voss. chim. 24, 156v)

»Der Mensch wird erlernt aus der Großen Welt und nicht aus dem Menschen.« (IX, 45)

Was ist der Mensch? Paracelsus bringt, quer durch sein ganzes Werk, immer wieder neue Antworten auf diese Frage. Schon als Arzt mußte er sich mit der Natur des gesunden und des kranken Menschen beschäftigen. Paracelsus versteht sich aber ebensosehr als Philosoph, und als solcher kann er sich nicht damit zufriedengeben, den Menschen bloß unter dem Gesichtswinkel von Gesundheit oder Krankheit zu betrachten. Nimmt nicht der Mensch eine herausgehobene Stellung ein innerhalb der großen Schöpfungsordnung? Ist ihm nicht besondere Würde verliehen? Und warum? Paracelsus' Antworten auf solche Fragen rücken sein Denken in ein ganz eigenes Licht.

Auf die äußerliche Erscheinung des Menschen sind wir bereits bei der Erläuterung der Signaturenlehre gestoßen. Der Mensch ist selbstverständlich »bezeichnet« wie alle anderen Wesen der Natur. Er gibt sich preis durch die Art, wie er spricht, handelt, erscheint, also durch seine Worte, seine Werke und seine Physiognomie. Mittels dieser Zeichen lesen wir gewissermaßen in seinem Herzen. Wir können darin lesen, da unser Blick die Worte und Zeichen durchquert, ohne daran haftenzubleiben – im Rückschluß verstehen wir auch, eigentlich zusätzlich erst, die Worte (die Lautzeichen entschlüsseln wir also dank einem vorangehenden Verständnis in ihrer üblichen Bedeutung).

Dieses »Zusätzliche« verwandelt die Werke, die Worte und die Formen in verständliche Zeichen.

Paracelsus' beachtenswerte Zeichenanalyse, die in Dimensionen jenseits des Sichtbaren vorstößt, um es mit Sinn anzureichern, führt aber noch nicht zum Sein des Menschen, zur Kenntnis seiner ontologischen Natur, sondern bloß zum Verständnis seines Verhaltens. Die Frage: »Was ist der Mensch?« verlangt nun einen anderen Zugang und eine andere Antwort.

Grundlegend ist die Einsicht von Paracelsus, der Mensch könne nicht verstanden werden, wenn man nur von ihm selbst ausgehe. Um die Natur, die Lage, die Bestimmung des Menschen der Einsicht zugänglich zu machen, sind wir gezwungen, anzurufen, was nicht zu ihm direkt gehört, was mehr als er selbst ist. Schon die einfachste Krankheit bliebe unverständlich, wenn wir uns auf das beobachtbare Verhalten beschränkten. Der Arzt muß zum Philosophen und Astrologen werden, damit er begreift, was sich in der Krankheit abspielt, die er behandelt. Für uns gilt dasselbe, wenn wir zu einer echteren Erkenntnis des menschlichen Seins kommen wollen. Es ist dies keine leere oder eitle Erkenntnis – wie sollte der Mensch in der Unkenntnis dessen bleiben, was er selbst ist? »Der Mensch, der nicht weiß, wer er ist, noch was er ist, noch weshalb er ist, mißachtet sich selbst und legt keinen Wert auf sich.« (Voss. chim. 24, 156v) Die Suche nach Selbsterkenntnis scheint Paracelsus selbstverständlich; sie gilt ihm als Teil der allgemeinen menschlichen Aufgabe, nach mehr Licht, nach mehr Erkenntnis zu streben. So nämlich enthüllen sich auch der wunderbare Schöpfungsplan und die unermeßliche Güte Gottes.

Gott hat bekanntlich alle Dinge aus dem Nichts erschaffen – alles außer dem Menschen! Der Mensch wurde aus dem *limus mundi*[16] geformt, so sagt die Bibel. Ihre Worte klingen in Paracelsus nach und erzeugen in ihm mannigfaltigen Widerhall, regen ihn zu zahlreichen Überlegungen an. Der Mensch ist ein Kind der Großen Welt, des Makrokosmos. Er ist (so Paracelsus) ihr »Extrakt« und enthält folglich alles, was in ihr ist. Er wiederholt die Große Welt in sich. Er ist aus den gleichen Elementen beschaffen.

Der Mensch ist jedoch nicht bloße Kopie, sondern die Elemente der Welt finden sich in ihm in subtiler Verdichtung. Paracelsus nennt dieses verfeinerte Extrakt eine »Quintessenz«. Das Wesen der Entsprechung zwischen Makrokosmos und Mensch besteht daher nicht einfach in der Verdoppelung der Welt. Die gleichen Elemente finden sich im Menschen verfeinert und kondensiert wieder. Es handelt sich um eine Wesensgleichheit. Dies ist entscheidend: Der Mensch ist aus den gleichen Elementen gemacht, und diese Gleichheit wird zum Prinzip seiner Erkenntnis.

Der traditionellen Makrokosmos-Mikrokosmos-Theorie (wie sie insbesondere von Eriugena und der Schule von Chartres entwickelt und verbreitet wurde) gelang es nicht, auf die Frage nach der tieferen Natur des Menschen Lösungen bereitzustellen. Sie blieb zu literarisch und bot oft genug bloß Anlaß zu geistreichem Spiel. Paracelsus warnt: »Ihr nennt den Menschen einen Mikrokosmos. Der Begriff ist richtig, aber ihr habt ihn nie im Verstand gehabt, und eure Auslegungen sind dunkel und verblendet.« (I, 202) Er will es al-

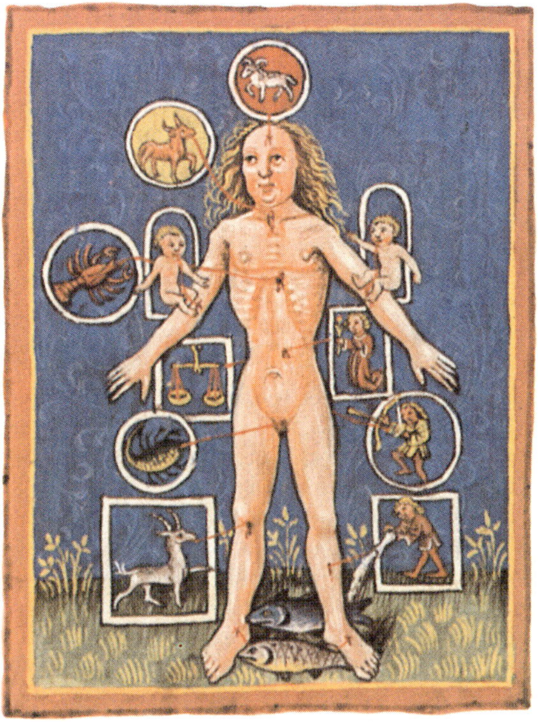

Tierkreiszeichenmann aus einer astrologisch-medizinischen Handschrift. Die medizinische Bedeutung solcher Darstellungen liegt darin, daß jedem Sternbild ein Aderlaßpunkt zugeordnet wird, so daß der Arzt schließen kann, zu welcher Zeit er dem Patienten an welcher Stelle Blut abzapfen soll.

so anders anpacken. Da er Himmel und Erde anders, besser versteht, ist er imstande, der Beziehung ihrer Entsprechung oder Abhängigkeit, die so banal geworden ist, neue Kraft und neue Genauigkeit einzuhauchen.

Bei aller tieferen Einheitlichkeit (auf die noch zurückzukommen sein wird) ist der Mensch doch ein zusammengesetztes Wesen. Um die Zusammensetzung zu beschreiben, greift Paracelsus auf die Metapher des Körpers *(Leib)* zurück. Das Bild weist zunächst auf etwas Gegliedertes hin, auf eine bestimmte Struktur des Gesamten. Es signalisiert jedoch auch – und darin ist es Metapher – etwas Subtileres als das Sichtbare. Es ist stets ganz der Mensch, wenn man so will, aber jedesmal von einer anderen und nicht sichtbaren Art. Er ist subtil wie ein Sonnenstrahl (XII, 126) oder wie ein Bild im Spiegel (XII, 139). Der »Leib« ist der ganze Mensch, aber anders.

Diese »Leiber« kennen wir bereits: Es ist zum ersten der elementare Körper, der aus der Erde, der sichtbaren Welt gezogen wird;

dann der siderische Körper, der vom Himmel, vom Gestirn kommt; schließlich der spirituelle Körper, der uns von Gott gegeben wird. Der elementare Leib macht uns zu Wesen von Fleisch und Blut. Dieser unser sichtbarer Körper besteht aus denselben Materien wie die sichtbare Natur, die uns umgibt. Doch reicht der elementare Leib noch über unseren sichtbaren Körper hinaus, denn ihm gehören beispielsweise auch der Hunger oder das Vergnügen zu. So wird eher ein Funktionieren umrissen als eine starre Zusammensetzung. Und darin bleibt Paracelsus seiner grundlegenden Einsicht treu: Die Welt besteht aus Kräften (»Tugenden«) und aus dem Zusammenspiel dieser Kräfte, viel eher als etwa aus einer Anordnung von Gestalten. (Die Physiologie hat entsprechend stets Vorrang vor der Anatomie!)

Der siderische Leib ist ebenfalls und gleicherweise der Mensch: Er ruft in uns die Gedanken, die Bilder, die Einfälle hervor, verleiht uns Geschicklichkeit und steht am Anfang jeder Ausübung von Kunstfertigkeiten; insgesamt ist der siderische Leib kraft seiner Beziehung zum Gestirn das Prinzip unserer Offenheit.

Die Entsprechung zwischen Großer und Kleiner Welt ist nicht nur symbolische sprachliche Figur (wofür man sie etwa halten könnte – wie es auch geschehen ist). In Wahrheit handelt es sich um ein wirkliches Band. Elementarer und siderischer Leib trennen sich nie von Erde und Himmel. Und nicht nur, daß sie ihnen verbunden bleiben, sie ernähren sich gar von ihnen. Daraus folgt, daß der Mensch, allem Anschein zum Trotz, kein autonomes, sich selbst genügendes Wesen ist. Zu seiner Erhaltung bedarf er der »Nahrung«, die er aus Erde und Himmel saugt. Die Große Welt regt den Menschen an und versorgt ihn mit allem, dessen er zu seiner physischen Existenz bedarf. Beachtlich an diesem Bild von Paracelsus: Der Mensch ernährt sich nicht allein von Brot, sondern auch von Bildern, von Gedanken, von Gabe und Gnade.

Der Mensch, Extrakt der Großen Welt, verspürt in sich »Hunger« und »Durst« nach dem, was mehr als er selbst und gleichzeitig ganz wie er ist; wie von einem Magneten wird er angezogen. Verlangen und Anziehungskraft sind vielfältig. Im Menschen findet man alle Planeten und die Sonne, ebenso wie in ihm die Erde mit ihren Elementen, der Hitze und der Kälte, der Trockenheit und der Feuchtigkeit, liegt. Auch den Wind, das Erdbeben, das Gewitter und den Regen findet man. »Nichts ist im Himmel noch auf Erden, das nicht sei im Menschen.« (IX, 220) »Der die Winde und die Meere geschaffen, Sonne, Mond usw. in den Himmel gegeben hat, der hat sie auch in den Menschen gegeben und gesagt: ›Das bist du!‹« (I, 80). Die gesamte Welt ist im Menschen, wenn auch nicht sichtbar. Und die Naturerscheinungen (wie das Gewitter oder der Regen) haben ihre Wirklichkeit auch im Menschen. Der Blitz schlägt im Mikrokosmos ein wie im Makrokosmos, Ablagerungen oder Kristalle formen sich hier wie dort. Auf diesem Pfad gelangte Paracelsus zum Beispiel zur unmittelbaren Erkenntnis der *tartarischen* Krankheiten.

Von dieser Wesensgleichheit zwischen Großer und Kleiner Welt ausgehend, nähert sich Paracelsus auch einem ersten Verständnis der *compositio humana.* Verglichen mit den sonst geläufigen Möglichkeiten, diese Frage anzugehen, ist das Vorgehen von Paracelsus neu. Er ersetzt die dem Mittelalter entstammende Beziehung zwischen Schöpfer und Geschöpf durch das Verhältnis des Menschen zur Welt. Er stellt zwischen ihnen eine dynamisch lebendige Verwandtschaft auf, ein subtiles Spiel von Kräften und Tugenden. Die Sonne ist nicht (zumindest nicht nur) der sichtbare Himmelskörper, und das ihr entsprechende menschliche Herz ist ebenfalls nicht

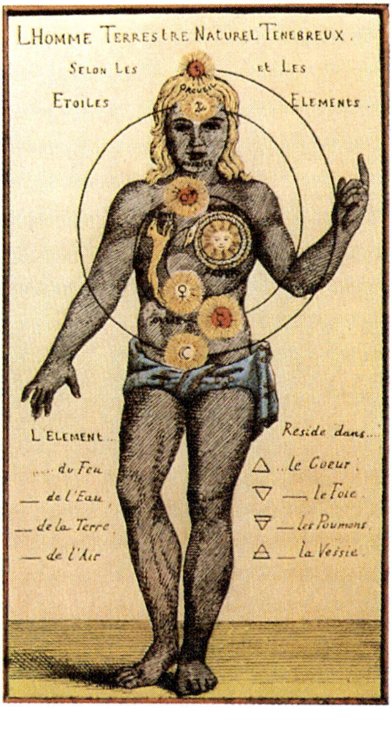

Die Rezeption paracelsischer Ideen geht verschlungene und weitgestreckte Wege; vermischt mit anderen Lehren, oft mißverstanden und verdreht. Hier eine Figur aus theosophischer Tradition, die den irdischen Menschenkörper mit Sternen, Gestirnskräften und Elementen in Einklang bringt. Der Autor J. G. Gichtel (1638–1710) war ein Anhänger des Mystikers Jakob Böhme (1575–1624), der wiederum stark von paracelsischen Schriften beeinflußt war.

(oder nicht nur) das Organ, das wir kennen. Durch diese Entsprechungen dehnt sich der Mensch bis an die Grenzen des Kosmos aus, so daß wir erstmals die Ausdrücke »elementarer Leib« und »siderischer Leib« verstehen.

Es ist offensichtlich, daß wir uns hier der Auffassung der folgenden Jahrhunderte diametral entgegengesetzt sehen. Später will man die ganze Welt vom Subjekt, dessen Kategorien und Vermögen her begreifen: Die Welt wird zu meiner Vorstellung, zur Repräsentation. Hier aber, bei Paracelsus, strebt die Welt durch den Menschen und in ihm zu Kenntnis und Vollendung ihrer selbst. Es ist deswegen auch verfehlt, Paracelsus zu den humanistischen Philosophen seiner Zeit zu zählen, wie es aus Unachtsamkeit öfter geschehen ist. Das Prinzip der Intelligenz ist verschieden. Dabei dreht es sich nicht bloß um die Frage des Lateins, der gelehrten Studien oder der Rückwendung zur Antike (die Paracelsus schon aus anderen Gründen verwirft). Es geht um die grundlegende Einschätzung, daß man die Welt kennen müsse, um den Menschen zu begreifen. Die Literatur aber ist den Werken des Menschen verhaftet, und man dreht sich gewissermaßen im Kreise, wenn man den Menschen durch den Menschen verstehen will. Paracelsus skizziert, anders als die Humanisten, eine Philosophie der Öffnung und zieht daraus ganz andere Konsequenzen. Das entsprechende Nachforschen wird zu einer endlosen, unabschließbaren Tätigkeit, und der Grund der Welt bleibt unergründlich.

Die Große Welt leuchtet in jedem Wesen, in jeder Pflanze, in jedem Mineral (IX, 72); daher eröffnen sich unendlich viele Entsprechungen. Wenn der elementare Leib sich von Pflanzen ernährt, ergänzt und stärkt er damit sein eigenes organisches Wesen, da ja jede von ihnen, so wie er selbst, einen Mikrokosmos darstellt. Das Ähnliche gesellt sich zum Ähnlichen; derart versorgt die Nahrung den Menschen mit der Kraft der Elemente, aus denen er geschaffen ist (XII, 38).

Gleiches gilt für den siderischen Leib. Er versucht das täglich sich erneuernde Gestirn zu erkennen, zu seiner Vollendung beizutragen, mit ihm zur Übereinstimmung zu gelangen. Dieser »Hunger« ist nicht Hunger nach irdischen Elementen, sondern nach dem Himmel. Dort wo der elementare Leib den Eingebungen des siderischen Leibes nicht folgt, kommt es zum Konflikt (XII, 62).

Der Konflikt ist dann unvermeidlich, da die beiden Leiber gleichzeitig ein einiges Ganzes bilden. Die Anstrengung geht vom siderischen Leib aus – doch ist er allein noch nicht wirkmächtig. Wohl

Die Hände des Malers führen aus, was der siderische Leib ihnen eingibt. (Detail aus einem Gemälde von Jan Vermeer von Delft: »Der Maler in seinem Atelier«, um 1665.)

Allegorische Darstellung der »Fortuna«. Glück entspringe, so Paracelsus, der wachsenden Einsicht des Menschen in die Wunder der Welt. (Holzschnitt von A. Dürer, ca. 1500.)

kann man sich ein hübsches Haus vorstellen, doch ist es damit noch nicht gebaut, dazu braucht es Hände, dazu braucht es Arbeit. Der siderische Leib bedarf also des elementaren, um das Werk des Sichtbaren zu verwirklichen.

Die Hände entsprechen übrigens dem Wort Gottes: Gott spricht, und die Dinge geschehen. Über solche Wirkmacht verfügt der siderische Leib nicht, ihm fehlen Arme und Beine. Um die Eingebungen des siderischen Leibes in der Wirklichkeit geschehen zu lassen (um zu schmieden, Holz zu hacken, Harfe zu spielen, Farben zusammenzustellen, Buchstaben zu malen usw.), braucht es den elementaren Körper.

Es äußert sich bei Paracelsus derart eine bestimmte Höherwertigkeit des Handelns. Durch die Aktion, d. h. in der gemeinsamen Anstrengung der beiden Leiber, verändert sich die Welt, wird die Quintessenz aus den Pflanzen gewonnen, reinigt und klärt der Alchimist das Heilmittel. Dank der Vereinigung der beiden Leiber können die Anregungen des Gestirns in der sichtbaren Welt sich auswirken und Gestalt erlangen.

Zwar sind die beiden Leiber gezwungen, zusammen zu leben und sich zu entwickeln, doch gibt es Unterschiede der Bestimmung in ihrer Natur. Zum einen erklärt Paracelsus, daß der siderische Leib im Traum vom Trieb zur Handlung befreit sei, der ihn tagsüber zur Zusammenarbeit mit dem elementaren Leib zwingt. Nachts löst er sich und strebt zum Himmel empor, dehnt sich dort aus und kann die ungewöhnlichsten Begegnungen und Erlebnisse haben. Diese astrale Dimension des Menschen, die sich träumend in den Himmel vertieft, gleicht stark (es muß allerdings mit äußerster Vorsicht gesagt werden!) der unbewußten Dimension der Persönlichkeit, von der heute gesprochen wird. Es ist die eigentliche Tiefe des Menschen, eine Tiefe ohne Grund.

Ein zweiter Unterschied zeigt sich im Hinblick auf die Vergänglichkeit der zwei Leiber. Beide sind sie sterblich (was für den dritten, den spirituellen Leib nicht zutrifft), und der Tod bedeutet für jeden die Rückkehr zum usprünglichen Herkunftsort. So löst sich der elementare Leib auf in Elemente, während der siderische Leib zum Gestirn zurückkehrt. Art und Rhythmus der Rückkehr sind verschieden. Der elementare Leib bleibt unbeweglich in der Erde, bis er sich darin zersetzt hat. Der siderische Leib dagegen löst sich nicht unmittelbar im Himmel auf; er verbleibt noch eine Weile in seiner Gestalt und sucht auf der Erde noch einmal die Orte auf, die ihm lieb waren, bis er schließlich vom Gestirn aufgenommen und verschlungen wird. Deshalb geschieht es, daß man nach dem Tode eines Menschen die Anwesenheit seines Schattens noch spüren kann an Orten, wo er zu Lebzeiten gerne weilte.

Ein weiterer Aspekt der Vereinigung der zwei Leiber ist hier ebenfalls zu erwähnen: Es geht um die Theorie des *archeus.* Denn trotz seines Ursprungs wäre der Mensch nicht, was er ist, wenn er nicht über ein eigenes Organisationsprinzip verfügte. Wie wir wissen, besteht das paracelsische Universum aus Kräften, und auch der Mensch ist aus vielen verschiedenen Kräften zusammengesetzt, die sich oft genug widerstreben. Sie müssen irgendwie zusammengehalten und koordiniert, geleitet und ausbalanciert werden. Diese Rolle der organischen Herrschaft, unserem Willen und Bewußtsein entzogen, nimmt der *archeus* ein. Er ist sowohl der Leiter des Ganzen wie auch die Verkörperung der Individuation, denn jedes Wesen wird durch seinen eigenen *archeus* geführt. In der Großen Welt mit ihren widerstrebenden Kräften hat der *vulcanus* diese Funktion inne, er leitet und gleicht aus. Der *archeus* ist gleichermaßen der *vulcanus* in uns (XI, 188). Er überwacht Verdauung, Atmung, Blutzirkulation, Ausscheidung, Wachstum usw.; er leitet das Geschick des einzelnen je nach individuellem Maß. Wir ahnen seine Bedeutsamkeit für die Medizin, da Paracelsus die Gesundheit als Gleichgewicht der vorhandenen Kräfte definiert (und nicht, wie die galenische Medizin, als eine Frage von mehr oder weniger Humoralsäften).[17]

Holzschnitt von Hans Burckmair (1530), der einen Arzt in seiner Studierstube zeigt. Paracelsus aber fordert den rechten Arzt auf, den Bücherstaub abzuschütteln und die Welt draußen in der Natur zu erfahren.

Der Ursprung aller Erkenntnis wohnt dem siderischen Leib inne. Wir sprachen bereits vom Licht, welches das Gestirn im Menschen entzündet, sofern sich dieser von ihm »heimsuchen« läßt. Daß die Natur zur Erkenntnis ihrer selbst im Menschen strebt, impliziert bereits, daß der Mensch nicht Ursprung dieser Erkenntnis sein kann. Es ist die Bewegung der Natur, die, ihr selbst zunächst verborgen, im Menschen zum eigenen Licht gelangen will. Der Mensch ist berufen, die Erscheinung des Lichtes zu ermöglichen und zu fördern – dies wird der Grund seines eigenen Glückes werden.

Die Berufung untersagt dem Menschen Müßiggang; er soll mit wachem Auge die Welt durchforschen. Wer wissen und die Wunder der Natur an den Tag bringen will, muß von Ort zu Ort reisen, denn, so meint Paracelsus, man fände auch nicht alle Früchte in *einem* Obstgarten. Der Mensch muß sich auf den Weg machen, da die Künste und Wunder über den ganzen Erdkreis verstreut sind. Um die Krankheiten kennenzulernen und zu studieren, muß der Arzt ihnen dahin nachfolgen, wo sie sind (XI, 141–145), sie kommen nicht zu ihm; dasselbe gilt für die Heilmittel, die Minerale usw. Paracelsus wiederholt es gerne: Wer zu Hause hinter dem Ofen sitzen bleibt, erwirbt keine Kenntnis! Gott ruft den Menschen auf, die tausend Facetten der Schöpfung zu erforschen, damit seine unendliche Güte offenbar werde und der überfließende Reichtum der Natur. Und Paracelsus fügt hinzu: So entsteht die Freude. Tatsächlich wird das Glück durch Erkenntnis hervorgebracht, das Unglück durch Unkenntnis (VIII, 110). Das Glück wird dem Menschen nicht eines schönen Tages durch einen Zufallsboten gesandt, sondern der tätige Mensch verdient es sich gewissermaßen als Zugewinn. Suchen und Forschen bringt Freude; Erkenntnis ist eigentlich nichts anderes als die Anwesenheit Gottes in uns (XIII, 329).

Vor dem Hintergrund des paracelsischen Gebots: »Sei alle Tage deines Lebens tätig!« werden auch die Aufforderung, von Land zu Land zu ziehen, und der berühmte Ausspruch »Unruhe ist besser denn Ruhe« verständlich. Diese »Unruhe« hat mit dem modernen Übel der Ruhelosigkeit, der Unfähigkeit zum Verweilen, nichts zu tun. Diese letztere ist der Unruhe von Paracelsus entgegengesetzt. Er meint die Umkehrung der trägen Selbstzufriedenheit, des sich in Sicherheit wiegenden Hochmutes jener, die alles zu wissen wähnen. Die paracelsische Unruhe ist die Grundverfassung des Menschen, der auf Entstehung und Lauf der Dinge aufmerkt, ohne daß er dafür schon begriffliche Wissenskategorien bereit hätte, die ihn in seiner Wahrnehmung zum voraus einschränkten, da er der Natur bloß vor-

Die Begabung des Menschen mit göttlicher Weisheit (»Heimsuchung«) wird in der ikonographischen Tradition gerne durch die Taube des Heiligen Geistes symbolisiert. (Ausschnitt aus dem »Stundenbuch« des Herzogs von Berry, 15. Jahrhundert.)

fabrizierte Lesemuster überstülpen würde. Diese Unruhe entfließt der Demut des Geistes angesichts der Geheimnisse, die sich offenbaren *(paritura)*.

Der Mensch ist eins. Die verschiedenen Leiber sind nicht bloß aufeinandergepfropft; elementarer und siderischer Leib sind innig vereint wie Mann und Frau (XII, 11) und bilden *einen* Menschen. Und es bleibt *ein* Mensch, auch wenn Paracelsus noch die dritte Dimension hinzufügt: den spirituellen Leib.

Natürlich gehört der Mensch der Natur zu, und für das Erdenleben genügen die bisher betrachteten Dimensionen durchaus. Der Arzt befaßt sich nur mit dem natürlichen Menschen; zu dessen spiritueller Natur hat er keinen Zugang. Es ist dem Menschen zunächst geboten, mit der Kenntnis der Natur und der natürlichen Dinge zu beginnen; die Heiden sind darin bis zum höchsten möglichen Punkt vorgestoßen. Doch Paracelsus glaubt, man dürfe da noch nicht anhalten (XII, 273) und sich zufriedengeben. Denn der Mensch entsteht auch, in seinem Eigensten, aus Gott. Und so wie er an Erde und Himmel teilhat, hat er auch an der übernatürlichen und ewigen Wirklichkeit des göttlichen Geistes teil.

Die spirituelle Dimension ist nach Paracelsus Gegenstand der edelsten Philosophie, deren Fundament die Theologie bildet. Diese lehrt, wie sich der Mensch aufgrund des spirituellen Leibes von den übrigen Geschöpfen wesentlich unterscheidet. Als einzige Kreatur kennt der Mensch, indem er an der Wirklichkeit des Geistes teilnimmt, was den beiden anderen Leibern vorenthalten bleibt: Gott.

So ist der Mensch Bürger dreier Reiche. Die Verbindung der drei Leiber ist nicht diejenige der philosophischen Tradition, die seit den Griechen scheinbar gleiche Dreiteilungen vorgenommen hat. Paracelsus versteht die Trennung weniger als hierarchische Ordnung denn als Funktionsteilung. Der Mensch gelangt zum Bewußtsein seiner ersten Würde als Mensch durch das Licht der Natur. Die Selbsterkenntnis, die die Natur in ihm anstrebt, zeichnet ihn vor allen anderen natürlichen Wesen aus. Seine zweite Würde als Mensch erkennt er durch seine Teilhabe an der göttlichen Wirklichkeit. Dank dieser Teilhabe stirbt der spirituelle Körper nicht; einmal geboren, bleibt er – für die Belohnung oder für die Strafe (XII, 15). Was dem Menschen aber insbesondere zur Würde verhilft, ist die Erkenntnis Gottes, zu der er mittels seines spirituellen Leibes aufsteigen kann. Nur was Gottes ist, kann ihn erkennen: Es ist wie immer das gleiche, das seinesgleichen erkennt (XIV, 131). »So erkennt niemand Gott als allein derjenige, der von Gott ist.« (XII, 326) Es ist die höchste Belohnung, da der Geist Gottes selbst in uns die Regung erzeugt, die dem Appetit des elementaren Leibs und dem Streben nach Kenntnis und Handeln des siderischen Leibs vergleichbar ist.

Doch der Mensch, der zu Gott strebt, kann ihn nicht als solchen in seiner ganzen Unendlichkeit erkennen. Wenn der Mensch seine Grenzen vergißt, kann es ihm passieren, daß er sich von Gott Bilder macht, die ganz von seiner Vorstellungskraft und seinen Absichten und Interessen geprägt sind; Paracelsus vermerkt ironisch, daß für den Händler Gott ein Händler sei, für den Arzt ein Arzt, für den König ein König, für den Gebildeten ein Gebildeter (XII, 410). In der Tat haben wir von Gott eher eine Vorahnung denn seine Erkenntnis. Deshalb ist es auch wichtig, daß der Mensch sich an die Offenbarungen der göttlichen Wirklichkeit halte, deren zwei Arten existieren: Zum einen hat Gott zu uns gesprochen in der Heiligen Schrift; zum anderen spricht er noch jetzt jeden Tag durch die Wunder der Natur. Denn auch die Natur ist Gott. Doch ist die Kenntnis der Natur stets neu zu fördern; und je ferner sie ist, desto heißer wird sie begehrt, desto geheimnisvoller ist sie.

Der Mensch wird also auf Distanz gehalten von dem, was ihm als Ziel seines Begehrens vor Augen schwebt. Es rührt zum einen daher, daß die Natur lebt, mithin Schöpfung und Überraschung ist; diese Gegebenheit darf nicht vergessen werden. Später, bei der Philosophie der Repräsentation, wird das Aneignungsvermögen zum Maß aller Dinge: Möglich ist nur, was die Vernunft sich als möglich denkt. Damit wird die Natur zur Gesamtheit der Phänomene, die universellen Gesetzen unterworfen sind (Kant). Hier bei Paracelsus aber strömt die Freigebigkeit der Natur über alle Einschränkungen der Repräsentation und Vorhersehbarkeit hinweg. Dem schöpferischen Grund ist alles möglich – auch morgen wieder erwartet uns eine Überraschung.

Der Mensch als Zentrum der Welt; Kupferstich aus Robert Fludds »Utriusque Cosmi … metaphysica« von 1617. Der englische Arzt, Paracelsist und Rosenkreuzer Fludd (1574–1637) versuchte gegenüber dem wachsenden Rationalismus seiner Zeit die metaphysisch-geheimwissenschaftlichen Traditionen von Astrologie, Alchimie, Magie und Kabbala hochzuhalten.

Die Unauslotbarkeit Gottes setzt uns eine weitere Grenze. »Wer weiß denn selbst, was vor Gott gut oder böse ist?« fragt Paracelsus. Nicht nur, daß Gott unergründlich ist – es ist auch nicht mehr der Gott der Scholastiker. Auch Gott selbst ist »unruhig« und ohne Rast. Diese Zuschreibung erfolgt nicht etwa auf Verleitung des Anthropomorphismus von Paracelsus, sondern folgt der Logik des Gesamten. »Alle Dinge sind im Unfrieden, es sei gleich, was es wolle (...) Gott hat uns alle beschaffen, und durch seine Schöpfung hat er sich selbst Unfriede, Unruhe gemacht.« (XII, 403)

So stellt sich die Situation des Menschen von der Welt und von Gott her gesehen dar. Daher erklärt sich, wie Paracelsus dazu kommt, vom Menschen so häufig als vom »Zentrum der Welt« zu sprechen (ein Ausdruck übrigens, der ihm später sehr oft genau ins Gegenteil dessen verdreht wurde, was er selbst ursprünglich damit hatte sagen wollen). Paracelsus wollte nie den Menschen in der Art der späteren Philosophen als Bezugspunkt einsetzen, auch nicht als bevorzugtes Wesen, dessen Ziel in der Unterwerfung der restlichen Schöpfung besteht. Manche Kommentatoren ließen sich durch seine Wortwahl blenden. Der Mensch genießt bei Paracelsus keine Vorrechte – ganz im Gegenteil. Aber durch seine Stellung im Weltganzen, durch seine Verbundenheit mit den Elementen und durch die Offenbarung seiner Aufgabe im Schoß der Welt hat der Mensch eine besondere Würde erhalten, die er zuvor niemals gekannt hatte.

Kommen wir nochmals auf den Ausdruck »Zentrum der Welt« zurück. Offensichtlich ist auch dies eine Metapher. Zudem muß das »Zentrum« nicht notwendigerweise Ausgangspunkt für alle weiteren Bestimmungen und Festlegungen dessen sein, was sich darum herum befindet. Das Zentrum, von dem Paracelsus spricht, ist eher ein Kraftfeld, wo sich verschiedene Wirklichkeiten überschneiden und überlagern, ein Knotenpunkt – auch dies Metaphern. Der Mensch als »Zentrum« verweist auf alle jene Kreise, die ihn, wiederum verbildlicht, rings umgeben (XII, 164). Das ist jedoch nicht im Sinne einer äußerlichen Teleologie zu verstehen, die das menschliche Subjekt zum bloßen Nutznießer macht. Die Welt selbst schafft diese Verdichtung, und ihre Bewegungen legen das Zentrum, als Ort ihrer Begegnung, fest. Da der Mensch dasjenige Wesen ist, in dem die Welt sich erkennt, wird er durch diese Tatsache selbst fast gezwungenermaßen zum Mittelpunkt. Vom Gestirn geht die Bewegung aus, aber im Menschen kommt sie zum Leuchten. Der Ausdruck »Zentrum der Welt« enthüllt von daher seine klar bestimmte Bedeutung, weit entfernt von jedem Anthropomorphismus.

V. Imagination und Magie

»Der Mensch hat einen siderischen Leib in sich, der vereinigt sich mit dem äußeren Gestirn. Dies ist nun Ursache und Ursprung der Divination. Wenn der siderische Körper vom elementischen unbekümmert (ungehindert) ist, fabuliert er mit dem Gestirn. (...) Im Schlaf, wenn der elementische Leib ruht, ist der siderische Leib in seiner Operation (ist am Werk); er hat keine Ruhe noch Schlaf.« (XII, 210)

»Aber magische Operation, gleich wie die Wissenschaft der Kabbala, entspringt nicht aus Geistern oder Zauberei, sondern aus dem natürlichen Lauf der subtilen Natur. Das ist nicht die Erkenntnis der Menschen, daß man nichts von diesen Heimlichkeiten wisse, sondern das ist die Erkenntnis, daß der Mensch mikrokosmisch erkannt werde, das heißt durch die beiden Arten: offen und magisch, sichtbar und unsichtbar.« (I, 147)

Wir haben schon festgestellt, daß die Schriften von Paracelsus von Bildern wimmeln. Wie könnte man den metaphorischen Reichtum des riesigen paracelsischen Textkorpus untersuchen? Denn zu sinnerschließender Lektüre reicht es nicht hin, die Namen von Gnomen, Undinen, Salamandern und Sylphen zu nennen oder repetitiv die Bilderketten ins Gedächtnis zu rufen, die den begriffsfeindlichen Text unermüdlich sich wandelnd und nach allen Richtungen hin hartnäckig unabgeschlossen halten. Man würde dadurch keine größere Verständlichkeit erreichen, es bliebe beim bloßen Nacherzählen und täte höchstenfalls der Neugierde Genüge.

Das Bild spielt im paracelsischen Ausdruck eine derart entscheidende Rolle, daß eine rein thematische Studie es nicht ausleuchten könnte. Damit man es verstehe, ist vorgängig der grundlegende Versuch von Paracelsus darzustellen, nämlich zu sagen, was Worte nicht ausdrücken können. Dazu reicht das Latein nicht aus; Zuflucht bietet die sich noch formende, verformbare und dunkle deutsche Volkssprache. Paracelsus entlockt ihr erstaunliche Bilder, von welchen die Lateiner schockiert sind, und überträgt ihnen Aufgaben, die bisher die geregelten Begriffe und Konzepte der Scholastiker wahrnahmen. Es ist ein hartes, ja verzweifeltes Ringen, um so mehr, als der Gegenstand der Rede neuartig und flüchtig ist. In diesem frischen Bereich treffen wir auch auf Imagination[18] und Magie. Paracelsus schreibt ihnen Qualitäten zu, mit welchen die Philosophen sie üblicherweise nicht geschmückt haben.

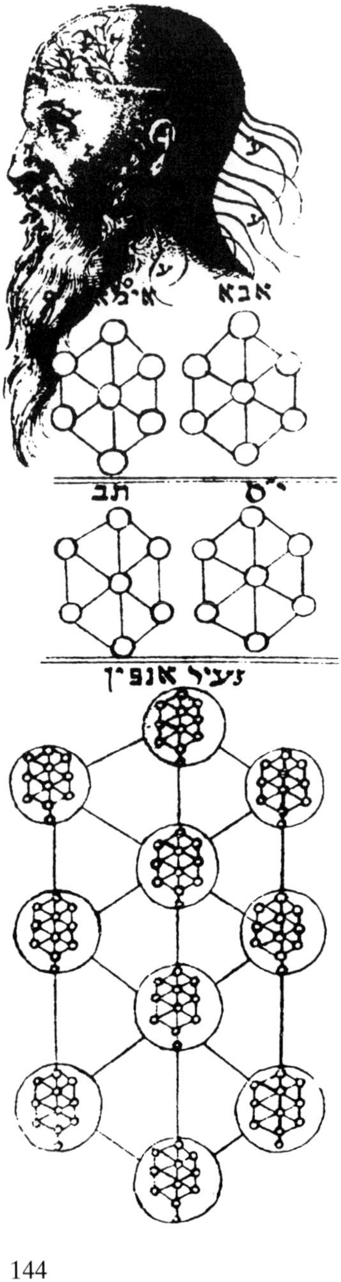

Links: Darstellung des Urmenschen, des »Adam Kadmon«, nach kabbalistischer Lehre. Auch Paracelsus hat sich, wie viele Renaissance-Gelehrte, mit der Kabbala (Sammelbezeichnung für esoterische jüdische Traditionen) beschäftigt. (Kupferstich aus Christian Knorr von Rosenroths »Kabbala denudata«, 1684.)

Rechts: Der Magier schreitet über Erde und Wasser, hält Blitz und Wind in seiner Hand (Holzschnitt von Hans Weiditz, 1532). Für Paracelsus sind echte Magier »natürliche Heilige«, die dank ihrer tiefen Einsicht den Kräften über die Natur zu gebieten vermögen.

Imagination ist weder gleichbedeutend mit Phantasie noch mit einer mittleren Kraft zwischen dem Verstand und den Sinnen, noch mit der Dienerin irgendeines anderen Vermögens, noch mit einem obskuren Abstellplatz, wohin man alles Unerklärliche eines Systems abschiebt. Sie ist nicht, was wir kennen, sondern eine nicht gedemütigte, eine glorreiche, ja triumphierende Imagination, freilich schwierig zu erläutern, da sie eine »Einbildung« ohne Subjekt und gar ohne Bilder ist. Es ist daher eine schwierige Aufgabe, von der Imagination bei Paracelsus zu sprechen, von diesem Nichtformulierten (ebensowichtig wie der formulierte Text), das zu einer Lektüre gemäß dem innewohnenden Funktionsprinzip verhilft. »Imagination« bezeichnet hier nicht die mimetische Beziehung, da man sich ein Ding vorstellt durch ein Bild oder in einem Bild. Paracelsus versucht nicht, sich von der Natur eine verbildlichte oder begriffliche Vorstellung zu machen. Er will nur ermöglichen, daß die Natur erscheine; sein Wunsch ist, wie früher angemerkt, Epiphanie: daß das eigene Licht der Natur hervorbreche und sie offenbar mache und zeige. Doch sie zeigt sich nur demjenigen, der – ohne Bilder! – zu sehen versteht.

Natur ist ja nicht bloß, was uns vor Augen steht, dies gewiß, aber mehr noch und wesentlicher ist sie das Unsichtbare, welches das Sichtbare durchpulst. Das Unsichtbare wird sich nie als Bild geben, da es nicht Gegenstand ist; es ist lebendige, formende, *bildende Kraft.* Eine ungeteilte Kraft, die die Dinge aus ihrem Inneren heraus aufrichtet und sie zu dem macht, was sie sind. Es ist die Erscheinungskraft im Schoße des Sichtbaren, die kein davon abgetrenntes Dasein kennt. Im Sichtbaren selbst ist sie jederzeit zu sehen, aber mit anderen Augen.

Die Entdeckung dieser »ontologischen Differenz«, die hier in der Geschichte des westlichen Denkens zum ersten Male geäußert wird, hat Paracelsus zu seinen schönsten Erläuterungen inspiriert. Das Sichtbare verhülle uns das Unsichtbare, scheibt er, und trotzdem sei es durch das Sichtbare allein, daß wir zur Kenntnis des Unsichtbaren gelangen. Die Natur ist ihm folglich weder allein das unseren Augen Dargebotene noch allein das anderswo Existierende, sondern beides zugleich. Durch diese eigentümliche Spannung zwischen Gegenwärtigem und Abwesendem werden alle Dinge in eine unüberwindliche Zweideutigkeit getaucht und fortwährend von neuem in Zeichen verwandelt.

Die Imagination als Repräsentation für ein Subjekt entsteht nur, wenn Erschlaffung und Ermüdung eingetreten sind; die Repräsentation (das »Vorstellungsbild«) dient als bloßes Surrogat für die wahre Imagination, die wahre *Einbildungskraft.*

Die Bezeichnung »Einbildungskraft« hat Paracelsus geprägt und in die deutsche Sprache eingeführt. Damit benennt er die immanente Kraft, die von innen her die Dinge festlegt, begründet und hervorruft und die als solche einer Vorstellung nicht zugänglich ist.

Der Philosoph sieht gewiß nicht mehr Dinge als der Unwissende; er sieht sie jedoch anders, und da er sie anders sieht, sieht er auch etwas anderes. Diesem »anderen« wenden wir uns nun zu. Wenn wir erfassen wollen, was Paracelsus mit dem Begriff »Einbildungskraft« bezeichnet, müssen wir uns zunächst der Vorrechte entledigen, die dem erkennenden Subjekt im cartesianischen Raum zukommen. Denn bei Paracelsus geht es nicht um ein Subjekt, das sich nach seinem Gutdünken und zu seinem eigenen Nutzen die vor ihm ausgebreitete Welt zu repräsentieren versucht, eine Welt zudem, die für erfaßbar gehalten wird nach einer Anzahl von wohldefinierten Parametern, mithin zu einem bloßen Gegenüber reduziert und verstandesmäßig erfaßt nach der Vorstellung einer *res extensa.* Diese Erfassung verschafft dem Subjekt Gewißheit und, nicht zu vergessen, Sicherheit. Künftig wird alles, was sich darbietet (im Rahmen dessen, was rechtens kaum mehr »Natur« zu nennen wäre), von vornherein den Gesetzen der Repräsentation unterworfen werden. Es wird nicht mehr alles möglich sein – dies ist der entscheidende Schritt. Die Einführung der Kategorie des »Unmöglichen« bei Descartes macht den paracelsischen Text unleserlich und unverständlich. Denn bei Paracelsus bringt die Natur gerade eben unerhörte Wirkungen, verblüffende Wesen hervor; sie erneuert sich in ständiger Bewegung und setzt uns immer wieder von neuem in Erstaunen. Für Descartes birgt die Natur kein Geheimnis mehr. Sie ist von allen dunklen Kräften gereinigt. Sie ist leer.

Dem Werden der Natur zu lauschen heißt, sie in ihrer ununterbrochenen Entstehung selbst zu entdecken, als erstaunliche Macht, die vielförmige Wesen hervorbringt im Zusammenspiel geheimnis-

Moses war ein echter Magier, der mit Gottes Hilfe Wunder wirkte: Er hob seinen Stab, und die Wasser des Roten Meeres wichen zurück (2. Mose 14, 16 ff.). (Wandfresken der Sixtinischen Kapelle in Rom, um 1480.)

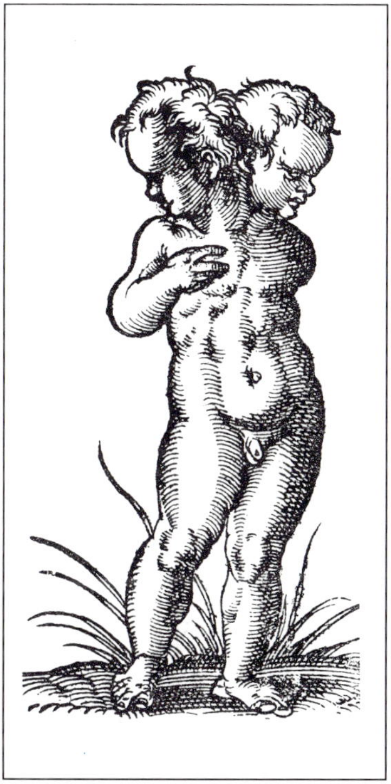

Eine Mißgeburt, wie sie entstehen könnte, wenn die besonders empfindliche Imagination der Frau während der Schwangerschaft gereizt oder üblen Einflüssen ausgesetzt wird. (Holzschnitt aus Jacob Rueffs »Hebammenbuch«, 1563.)

voll verknüpfter Kräfte. Sie führt den Menschen in einen Bereich, wo das Unerhörte nichts Außergewöhnliches ist.

Die *Einbildungskraft* ist die Macht, die von innen die Wesen aufrichtet und in Kenntnis setzt. Die vielfältige Kraft strömt durch alle Dinge, durch die ganze Große Welt; sie ist so vielfältig wie das Seiende, ja wie die Eigenschaften des Seienden, so vielfältig wie die Verwandtschaften zwischen der Großen und der Kleinen Welt.

Dem Wirken des Unsichtbaren der staunenerregenden Natur zu entsprechen, ihm irgendwie gerecht zu werden, verlangt in gewisser Weise, dieser tätigen, formenden Kraft sich anzugleichen. Worte wie »wissen« oder »kennen« wären hier verfehlt, da sie zu sehr an die scholastische Definition der *adaequatio* und eine Philosophie des Subjektes gemahnen. Doch hier handelt es sich nicht um eine Vorstellung zugunsten eines Subjektes, sondern darum, die unsichtbare Vereinigung der Kräfte und Tugenden augenscheinlich werden zu lassen in dem Licht, das die Natur in uns entzündet hat. Das heißt recht eigentlich »einbilden«, *imaginieren.*

Dank der Ausgrenzungen, die wir vorgenommen haben, können wir das eigentliche Feld der Imagination nun zunehmend abschätzen; die Begriffe, die Logik, die Gelehrsamkeit, die Repräsentation, die Vorherrschaft des Subjektes, den Beherrschungswillen weisen wir zurück. Denn die Imagination ist in erster Linie diejenige der Natur selbst – gleichzeitig aber auch die unsrige, da wir ihr ja angehören. Der Mensch ist Natur.

Dies ist die Grundbedingung: eine aktive Entsprechung, die den Menschen nicht der Natur gegenübersetzt, sondern ihn in sie einbettet, damit er sich in ihr, sie sich in ihm erkenne.

Es ist leicht zu verstehen, warum es nach Descartes, nach dem deutschen Idealismus und nach der modernen Wissenschaft Mühe bereitet, zu Paracelsus zurückzugehen. Gegen unseren Willen sind wir in den Kategorien der Moderne verhangen und verstrickt. Selbst Schopenhauer, der Paracelsus in manchem so nahekommt, denkt nach Kant und interpretiert das »Unsichtbare« bei Paracelsus als »Ding an sich«. Ein so estaunlicher Naturphilosoph wie Schelling verdreht die »Einbildungskraft« zu einer »Kraft der Ineinsbildung, auf welcher alle Schöpfung beruht« – so hatte es Paracelsus nicht gemeint. Es ist fast unmöglich, sich heute noch eine »Imagination« zu denken, die nicht im Dienste des Subjektes wirksam wäre. Die phänomenologischen Analysen haben uns gewöhnt, von der Imagination in Begriffen der »Intentionalität« zu sprechen (Husserl). Doch bei Paracelsus geht es nie um Intentionalität, und geht es nie um *ab-*

Krieger im Feldlager; Holzschnitt aus Paracelsus' »Großer Wundarznei«, in der Ausgabe von 1566. Die unzähligen Kriegszüge und Schlachten des 16. Jahrhunderts hatten auch Heere von Verwundeten und Versehrten zur Folge.

ducere mentem a sensibus wie bei Descartes. Imaginieren, einbilden heißt, im Licht der Natur mit der unsichtbaren Fülle der Welt, des Menschen und der Dinge in Verbindung zu stehen – eine Erfahrung ganz eigener Art.

Der Arzt wird die Krankheit als schädliche Kraft im Kranken

wirken sehen. Ebenso wird er die in der Heilpflanze verborgene Tugend wahrzunehmen wissen, die jene pathogene Kraft zu bekämpfen imstande ist. Er sieht die Mannigfaltigkeit der Tugenden in den verschiedenen Pflanzen, er sieht, wie sie sich am Morgen, nach der Ruhe der Nacht, verändern, wie sie anders sind bei Vollmond, anders in der Jugend, anders in einem fernen Land. Er erkennt die verborgene Tugend im Salz oder im Antimon.[19] Er entdeckt deutsche Heilmittel in Deutschland und überläßt den Bücherdoktoren die Mühe, bei den Pseudo-Heilmitteln Griechenlands oder Asiens Zuflucht zu suchen. Der Arzt erkennt ebenso die verschiedenen Krankheiten von Mann und Frau, die verschiedenen Krankheiten der Bewohner des Gebirges oder der Ebene.

Die Imagination entdeckt also, kurz gesagt, den Chor der Einzelkräfte, die die Große und die Kleine Welt durchklingen und nie als Objekte dingfest zu machen sind. Zusätzlich verweisen die Kräfte gegenseitig aufeinander, mittels einer Art Verwandtschaft – nicht nach mechanischem Entwurf, wie ihn Descartes bestimmen wird. Die Kräfte antworten sich von innen her, geben sich Echo, durchdringen sich wie chemische Elemente. Das Wesentliche der Imagination ist es, diesen Verwandtschaftslinien, den Affinitäten, den heimlichen Verbundenheiten der Natur zu folgen. Unser Verhältnis zu dieser Art von »Einbildung« ist in der Tradition gebrochen; wir kennen ihre Anwendung nicht mehr.

Noch lieber als »aufmerksam« möchte ich diese Imagination »verfügbar«, »gegenwärtig«, »nicht zerstreut« nennen (da die erste Eigenschaft zu sehr an die Zuwendung eines Subjektes zu einem Objekt gemahnt). Wir beginnen nun zusätzlich auch schon zu ahnen, was der »Glaube« sei: die Imagination ohne Distanz, die Imagination, die der Sache anhängt, ohne zu zweifeln oder zu schwanken. In ihrer tiefsten Gewißheit ist sie fähig, Berge zu versetzen.

Bis anhin haben wir die enthüllende Wirkung der Imagination betrachtet; nun wollen wir uns ihrer Beziehung zur Magie zuwenden. Denn Imagination und Magie, sagt Paracelsus, stehen in nächster Verwandtschaft.

Was ist Magie, wenn nicht direkte Wirkung auf Dinge oder Menschen, ohne Rücksicht auf die physischen Hilfsmittel des Willens? Magisch zu wirken heißt, mittels der siderischen Kräfte zu wirken, ohne Umwege und unmittelbar durch die unsichtbare Natur. Der Magier ist fähig, physische Wirkungen ohne physische Mittel zu erzielen. Er ist das Gegenteil des Bedürftigen, der Berechnung, Winkelmaß und Maurerkelle zu Hilfe nimmt, um wirksam zu werden.

Auch wir selbst sind der Magie noch in geringem Ausmaß fähig. Wir befehligen unsere eigenen Arme und Beine und unsere Stimme: Wer gäbe sich über diese Verbindungen Rechenschaft? Auch dies ist bereits Magie! Freilich eine fast blutleere Magie, da die Imagination in uns schwach ist, banal geworden durch die alltägliche Übung. Wenn der Architekt ein Haus erbauen will, imaginiert er es zunächst, das heißt, er stellt es sich vor. Denn durch die Vorstellung wird ihm klar, wie Holz und Steine zu bearbeiten, in welche Gestalt sie zu bringen sind. Ebenfalls dank der Imagination entdecken die Menschen im Laufe der Jahrhunderte immer mehr und verschiedene Künste. Die Imagination erlaubt es dem Alchimisten, die in der Natur eingeschriebenen Abläufe ihrer Vollendung entgegenzuführen. Durch die Imagination bewegt sich am Ende die ganze unsichtbare Natur.

Das größte Wunder einer Schwangerschaft; Maria, die das Jesuskind vom Heiligen Geist empfangen hat. (Tafelbild von Walchmayr, um 1400.)

Wenn die Imagination nur stark genug wäre, bliebe nichts unmöglich, da sie der Ursprung aller Magie ist, aller Tätigkeit also, durch die das Unsichtbare in irgendeiner Weise im Sichtbaren seine Spur hinterläßt. Kraft echter Imagination könnten wir unseren Körper verwandeln oder gar auf den Himmel einwirken.

Der Begriff »echt« deutet hier eine Grenze an: Er scheidet die *wahre* Imagination, die im Vermögen der unergründlichen Natur wurzelt, von der *abschweifenden* Imagination, derjenigen nämlich des einzelnen Subjektes, das sich darauf beschränkt, sich im eigenen Inneren einen matten Reflex der sichtbaren Dinge zu geben. Diese Abbilder sind mit der siderischen Macht nicht wahrhaft verbunden, ja sie sind nicht einmal mit uns selbst fest verknüpft. Sie berühren nur die Oberfläche unseres Daseins, den Bereich der Zerstreuung und den Raum der Repräsentation. Denn die echte Imagination ist nicht gleichbedeutend mit Phantasie: diese sei, sagt Paracelsus, der Samen der Torheit, da es ihr an Verankerung fehle.

Die »Verankerung« kann uns bei der weiteren Erforschung unserer Frage als Schlüssel zur Lösung dienen, denn genau sie ist es, die Imagination und Magie zusammenschweißt. Paracelsus knüpft damit an eine lange Tradition an. Diese Tradition hat nie die Bilder geringgeachtet, die den Grund unseres Seins anklingen lassen, jene Bilder, die organisch aus dem *Gemüt* aufsteigen. Das Gemüt leitet uns aus unserem Inneren heraus und stellt den besonderen »Ort« dar, wo die siderischen Kräfte in uns einstrahlen und wir uns zur unsichtbaren Welt hin öffnen. Das Bild wurzelt in uns wie die Pflanze im Boden, genauer: in unserem siderischen Wesen und der kreativen Kraft, die uns selbst trägt. Es verleiht unseren Gedanken im buchstäblichen Sinne des Wortes Gestalt und Körperlichkeit; es transformiert sie in Begehren. Das Begehren wiederum ist nichts anderes als ein »verkörperter«, inkarnierter Gedanke oder Wunsch, der in uns zum Motor von Bewegung wird. Nach Paracelsus ist es das Herz, das dem Bild die Energie des Anreizes einflößt. Ein abstrakter, rein intellektueller Wunsch ist, als bloßer Gedanke, kraftlos und unfähig, irgend etwas in Bewegung zu setzen. Sinnlos, in einem solchen Fall den Wunsch zu haben, dieses oder jenes zu sein oder zu machen. Wenn der Gedanke sich nicht durch Imagination verkörpert, wird keinerlei Wirkung zustande kommen.

Die Begegnung mit den Kräften der siderischen Welt macht die Idee schwer und voll, ja verwandelt sie selbst in magische Kraft.

Ihr Leistungsvermögen ist theoretisch unbegrenzt, auch wenn es in der Praxis Schranken kennt. Das wahre Begehren kann, wenn es in uns auf die uns bestimmende kreative Kraft trifft, aus der Entfernung wirken, ganz wie beispielsweise der Sonnenschein von weit her die Dinge berührt und erwärmt, ohne daß man auch nur die Strahlen bemerken könnte. Die in uns verkörperte Imagination kann somit ihre beabsichtigte Wirkung entfalten, wo immer sie will. Die Hexe heilt oder tötet aus der Ferne – nicht wegen ihrer Formeln noch wegen ihrer Fetische, sondern weil sie den wahren Pfad der magischen Imagination ausfindig gemacht hat, wo sie sich in Einklang bringen kann mit den Schwingungen der siderischen Kräfte. Sie dienen ihr bei der Hervorbringung der sichtbaren Wirkungen als Mittler.

Diese Tätigkeit ist jedoch nichts weniger als einfach. Die siderische Welt ist kein reiner, homogener, gleichgestimmter Raum, der allerorten auf dieselbe Art und Weise reagieren würde; sie existiert für sich allein genommen nicht, sondern nur als Kehrseite der sichtbaren Welt. Sie ist das komplexe Strahlennetz der vielen einzelnen, mit verschiedenen Eigenschaften ausgestatteten Kräfte, die die vielgestaltigen Wesen der Natur anleiten. Die siderische Welt hat eine bestimmte Konstellation (wie die Sternenstellung am Firmament und wie sie auch unserem Temperament zugrunde liegt). In dies Gewirr lebendiger und stets neuer Kräfte muß man sich einmischen und sich einfügen.

Daher ist das Handeln heikel und erfordert anhaltendes Interesse. Die Kraft *(impressio)* der Venus, als eine von all den Kräften der Großen Welt, die auf uns einwirken, ist verschwindend, solange unser Gemüt sie nicht magnetisch anzieht. Erst die Imagination stärkt sie in uns und transformiert die *impressio* in eine wirkliche Kraft. Die Imagination eile der Venus oder dem Mars zu Hilfe, erläutert Paracelsus, so wie Tau und Regen der Sonne beistünden.

Das Bild, das ein tiefes, wahres Einverständnis zum Ausdruck bringt, gewinnt in seinem Dasein, sobald es entstanden ist, eine gewisse Unabhängigkeit und Autonomie; es wird zum Antlitz *(species)* der siderischen Kraft. Im Unterschied zu einem einfachen Gedanken oder einer kümmerlichen Repräsentation tritt das Bild in eine magische Existenz ein, wird verkörperlicht und schreibt sich wirkend der siderischen Welt ein. Wenn das Bild, das echter Imagination entstammt, lebendig wird, bildet es einen Brennpunkt, ein Zentrum von Aktivität. Es ist ein wenig einem Embryo vergleichbar, der vom Moment der Zeugung an ein Eigenleben führt, wiewohl er von der Mutter getragen und ernährt wird.

Diese Art von magischer Existenz erklärt die Wirkungsweise eines Willens auf einen anderen. Der Zauberer bemächtigt sich so des Willens einer fremden Person, die er zur Ausführung seiner Befehle ausgewählt hat; durch die Imagination wirkt er auf ihren siderischen Leib ein. In der gleichen Art kann er sich auch auf Distanz mitteilen.

Mehr noch: Die Tatkraft des Imaginären erschöpft sich nicht in punktuellen Auswirkungen auf einzelne Wesen oder Dinge. Die magische Existenz des Bildes dauert an und bleibt in der siderischen Welt weiter wirksam. Ein heftig bewegter Mensch, dessen Begehren der Macht des Gestirns ebenbürtig wird, kann dem Einfluß des Siderischen entgegentreten und in der Folge gar den Himmel selbst beeinträchtigen. Die Kräfte des Imaginären befreit man nicht ungestraft. Die Imagination des Menschen hat in diesem Falle die Wirkung eines Samens, der aufgeht. Es ist daher nicht falsch, zu sagen, daß der Mensch in gewissem Sinne gar dem Gestirn, d. h. der unsichtbaren Welt befiehlt, und zwar sowohl im Guten wie im Schlechten. Es gab Menschen, die für den Himmel ihrer Zeit eine Plage darstellten; andere dagegen säten in ihm die Keime des neuen, aus denen dann die *Anima Mundi* (wie Paracelsus sagt) entsprechende Früchte hervorbrachte: Die Wirkung ist reziprok.

Dies ist ein beachtenswerter Punkt an Paracelsus' Lehre. Er schreibt denn auch dem Arzt vor, er solle bei der Behandlung einer Krankheit nicht nur darauf achten, welche Umwelteinflüsse vom Klima, der Jahreszeit, der Nahrung, dem Ort usw. auf den Kranken einströmen, sondern auch verfolgen, was aus dem Bereich des infizierten, verseuchten Himmels auf die Psyche einwirke.

Es ist kaum noch notwendig, darauf hinzuweisen, daß der Kranke nur gesunden wird, wenn er selbst daran glaubt. Der Arzt ist nur ein guter Arzt, wenn er den Glauben hat und die Imagination des Kranken im Hinblick auf eine Heilung günstig zu lenken und anzuspornen weiß. Paracelsus ruft uns in Erinnerung, daß die Imagination durch den Glauben gestärkt und zum Ziel geführt wird. Zweifel verdirbt das Werk. Wenn wir nicht vollendet »imaginieren« und ebenso vollendet glauben, wird der Ausgang unserer Handlung ungewiß bleiben.

Es genügt jedoch nicht, einfach zu sagen: »Ich will« oder »Ich glaube«. Aus unserem tiefsten Gemüt, aus unserem Urgrund heraus, wo wir noch ganz eins sind, muß ein unwandelbares und vorbehaltloses Einverständnis aufsteigen.

Bestimmt war Paracelsus selbst ein solcher Arzt und bewundernswerter Magier. Seine aufsehenerregenden Heilungen sind nicht allein den von ihm verwendeten Heilmitteln zuzuschreiben. Diese waren nämlich, verglichen mit den zu seiner Zeit üblichen Arzneien, sehr einfach. Sie dienten ihm dazu, die Imagination, die Vorstellungskraft des Kranken zu locken und in Bewegung zu setzen. Die Pillen, die er im Knauf seines berühmten Schwertes barg, waren Hilfskräfte für die magische Aktion. Niemand könne einen Kranken gegen seine Imagination heilen, verkündet Paracelsus.

Der zuvor angesprochene Glaube ist offensichtlich ein natürlicher Glaube, denn Paracelsus faßt allein die natürlichen Kräfte in den Blick. Es gibt Magier, und es gibt Heilige; der Heilige wirkt durch Gott, der Magier durch die Natur. Das Übernatürliche wird weder geleugnet noch abgelehnt: Es wird beiseite gelassen, um der Forschung das weite Untersuchungsfeld der natürlichen Ordnung freizugeben. Für Paracelsus und seine Zeitgenossen kann die Ordnung der Natur freilich jederzeit durch einen übernatürlichen Eingriff aufgehoben werden, da Gott die von ihm geschaffene Natur beherrscht. Doch soll man nicht alles durcheinanderwerfen und vermischen.

Hören wir Paracelsus selbst: Nach der Ankunft Christi haben viele sich gesagt: Es ist besser, durch den Geist denn durch die Natur zu handeln. Es ist besser, dem Propheten zu folgen denn dem Philosophen. Die Schule des Geistes ist derjenigen der Natur überlegen. Sei es. Aber nicht jedermann ist Prophet oder Apostel. Daher kann nicht jeder sagen: Nimm dein Bett und gehe!

So sind die neuen Sophisten erstanden, die alles verwirren, da sie einem Licht folgen wollen, das sie nicht verstehen, und sie vernachlässigen jenes der Philosophie der Natur. So verdüstern sie beide Lichter und fallen zwischen Stuhl und Bank. Es sind Tote, die Tote begraben, denn in ihren Werken ist kein Leben. Das ist eine Sünde wider den Geist. Denn in Wahrheit hat Christus dem natürlichen Licht nichts genommen. Die Lichter sind sich nicht feindlich. (XII, 27–30)

Der natürliche Glaube ist jedoch schwieriger zu verstehen als der übernatürliche, den man sich meist vorstellt nach dem Modell einer willentlichen, von einem Subjekt ausgehenden Regung. Der natürliche Glaube setzt dagegen blinde Zustimmung und Fügsamkeit voraus, die nicht von subjektiver Einsichtigkeit abhängen. Es kommt daher zu bedauerlichen Mißverständnissen. Paracelsus erwähnt die Krieger, die in die Schlacht ziehen und sich vor den Kugeln fürchten; sie haben Angst und kommen um. Andere dagegen trifft es nie, sie sind fröhlich und haben keine Furcht. Denn sie, erläutert Paracelsus, *imaginieren,* bilden sich ein, Julius Cäsar zu sein oder andere vergleichbare römische Krieger, sie wollen ebenso viele glänzende Taten vollbringen und ebenso alt werden wie jene. Gewiß werden einige behaupten, daß solche Krieger nicht verletzt oder getötet worden seien, da sie sich durch Amulette oder Kräuter geschützt hätten. Das aber, so schließt Paracelsus, sei bloßes Geschwätz; in Wahrheit seien sie durch Imagination und Glauben bewahrt geblieben.

Amulette, Zauberstäbe und Zeremonien sind nur Possen und Gaukelspiel. Aberglaube ist eben Gläubigkeit, die sich im Gegenstand vergriffen hat und sich an Scheinobjekte klammert, an Bilder, die bloße Abbilder sind. Dem Diener wird mehr Zutrauen geschenkt als dem Herren. Im Aberglauben handelt der Scharlatan, der den echten Magier nachäfft; er bedient sich des inszenierten Scheins.

Doch wenn der Arzt dem Kranken eine Arznei verabreicht, handelt es sich nicht um ein Schauspiel, das in Szene gesetzt wird. In Wirklichkeit heilt eigentlich nicht sie, sondern die ihr innewohnende Kraft; durch die unsichtbare Tugend – nicht physisch – wirkt sie auf die Imagination.

Analoge Vorgänge sieht Paracelsus beispielsweise auch in der Übertragung der Tollwut: Nicht der physische Biß des Hundes ruft sie hervor, sondern die Einbildungskraft des tollwütigen Tieres, die sich der Imagination des gebissenen Menschen bemächtigt – dies wohl über die äußerliche Begleiterscheinung des Speichels und der Bißwunde, um so eher, als der Gebissene durch die empfundene Angst geschwächt wurde (und also leichter beeinflußbar ist). Das physisch-mechanische Geschehen ist strenggenommen bloßer Zusatz: Der echte Akt ist immer magisch.

Um ein anderes Beispiel zu wählen: Bei der Empfängnis eines Kindes im Mutterschoß zeugt nicht das Sperma den kleinen Menschen, sondern die Imagination der Eltern, die in der Verschmelzung die Empfängnis bewirkt. Die Imagination formt – und zwar entsprechend ihrer eigenen Intensität – eine neue Einbildungskraft, einen wirkenden Samen, der die Schaffung des neuen, sichtbaren (elementaren) Leibes leiten wird. Die Imagination bringt also den Samen hervor. Je nachdem, ob die Imagination des Vaters oder der Mutter stärker war, wird das Kind ein Junge oder ein Mädchen.

Noch zwei weitere typische Züge der paracelsischen Imaginationslehre sind zu erwähnen: Der erste bezieht sich auf die Überlegenheit der Frau auf diesem Gebiet, der zweite auf den Traum.

Die siderische Welt ist in Wirklichkeit, durch die gestaltenden Kräfte, aus denen sie besteht, wie eine *matrix* (vgl. Anm. 5), eine Gebärmutter, die die sichtbaren Wesen hervorbringt. Die Frau verfügt auch über dies Vermögen; sie ist selbst nach ihrem innersten Wesen Mutter und *matrix*. Nicht des physischen Organs wegen, sondern weil ihr ganzes Wesen mütterlich-hervorbringende Kraft ist. Durst, Hunger und Krankheit der Frau sind nicht von derselben Natur wie beim Mann. Der behandelnde Arzt muß wissen, daß die Hysterie nicht auf einen lokalisierbaren organischen Krankheitsherd zurückzuführen ist, sondern aus der ganzen Art, dem ganzen Wesen der Frau entsteht.

Die Frau ist in der Tiefe ihres Gemütes dem Gestirn, der Weltseele und den siderischen Kräften eng verbunden. Da sie mit dem, was vom Astrum ausstrahlt, rascher und unmittelbarer harmoniert, ist ihre Imagination lebhafter, ihre Leidenschaft ganzheitlicher. In ihr sei die Imagination wie Pech, schreibt Paracelsus, sie hafte sogleich, und wenn sie Feuer fange, sei sie kaum zu löschen.

Daher dürfe man die Frauen nicht allein lassen, die für den Einfluß des Saturns zu empfänglich seien oder die erst vor kurzem ein Unglück erlebt hätten. Man solle sie unterhalten, ihren Geist mit angenehmen Gedanken beschäftigen, damit ihr Gemüt nicht wie ein Magnet den Strömungen nachgebe und in sich die eindringenden Kräfte verkörpere.

Im Zustand der Schwangerschaft ist die Frau besonders empfindlich und reizbar. Ihre Imagination wirkt dann auf die geschmeidige Materie des Kindes und prägt ihm ihre Begierden und Abneigungen ein; das bietet die Erklärung für die Muttermale und andere Zeichen am Körper des Kindes. Angenommen, eine Schwangere sehe einen Gegenstand, den sie begehrt; sie erfasse ihn mit ihrer starken und vollen Imagination, wobei ihre Hand gleichzeitig ihr Knie berühre: so werde das Kind an seinem Knie gezeichnet sein.

Die Imagination der Frau ist in der Gebärmutter verwurzelt. Der Unterschied zum Mann ist nicht anatomisch, sondern dynamisch. Das Bild der Hexe ist in dieser Hinsicht beunruhigender als dasjenige des Hexers.

Schließlich bestätigt uns der Traum die Verwandtschaft zwischen der Imagination und der Welt des Gestirns. Während des Schlafes kann es vorkommen, daß unser siderischer Leib seine Bindungen an den elementaren Leib löst, sich ein wenig von ihm befreit (ohne sich übrigens wirklich von ihm losmachen zu können, da er allein nicht lebensfähig ist). Möglicherweise unterhält er sich dann mit der

Weltseele und erfährt auf diese Art unerhörte und erstaunliche Nachrichten, je nachdem, wie sich die Begegnung abspielt. Dies sind dann zumeist die vorwarnenden, unheilkündenden Träume. Wir können aus ihnen lernen, da sie uns, wie ein unbewußter Glaube, von einer nächtlichen Übereinstimmung künden. Sie werden uns zu Boten der Macht, die über die sichtbare Welt entscheidet.

Gleiches gilt auch für die Zeichen, die am Himmel erscheinen, und weitere ähnliche Phänomene. Wesentlich ist stets, nicht beim Bild stehenzubleiben, sondern aus der gegebenen Gestalt die wirkende Kraft herauszulesen. Dies ist Imagination.

VI. Der Gesunde und der Kranke

»Es ist ein Wissen, wie der Mensch gesund ist und wie er krank ist oder wird.« (IX, 40)

»So die drei (Elemente) einig sind und nicht zertrennt, so steht die Gesundheit wohl; wo aber sie sich zertrennen, d. h. zerteilen und voneinander sondern, (...) sind sie die Anfänge der Krankheiten.« (IX, 49)

Paracelsus ist Arzt. Angesichts von Krankheit und Not der Menschheit fühlt er sich berufen, dem leidenden einzelnen Linderung zu verschaffen und ihn zu heilen; dies ist seine Berufung (im wahren und starken Sinn des Wortes). Nur – wie heilt man? Was kann man heilen, was muß man heilen? Und weshalb? Paracelsus hört nie auf, sich mit diesen Fragen zu beschäftigen, weil er weder blind handeln noch herumpöbeln, noch einfach den Lauf der Ereignisse abwarten will. Er will sein Tun absichern und die medizinische Praxis transparent und einleuchtend machen, was ihr seinem Urteil nach bislang fehlte.

Die Medizin macht sich in jeder Epoche eigene Vorstellungen über die Krankheit und das Heilmittel; nie ist ihre Tätigkeit rein empirisch. Zur Zeit von Paracelsus gründeten die Ärzte (er nannte sie »die Irrgehenden«) ihre Praxis im allgemeinen auf die Humoralpathologie (vgl. Anm. 17). Krankheit wurde verstanden als eine Dyskrasie: als ein Ungleichgewicht oder eine fehlerhafte Mischung der vier Körpersäfte. Wenn man die Logik dieser Theorie bis zum äußersten treibt, müßte man eigentlich schließen, daß es im Grunde nur eine einzige Krankheit gebe, da jede pathologische Erscheinung auf einen bestimmten Grad an Ungleichgewicht zurückgeführt werden kann.

Zur Heilung – stets der obigen Lehre folgend – mußte man entweder hinzufügen oder entziehen: hinzufügen, wo ein Mangel bestand, entziehen, wo es einen Überschuß gab. Von den Heilmitteln nahm man nach der gleichen Logik an, daß sie additive oder subtraktive Eigenschaften besäßen. Für die vier Grundeigenschaften warm, kalt, feucht und trocken galt ein gleiches, für das menschliche Naturell ebenso. Zusammenfassend gesagt, handelte es sich insgesamt um eine in sich kohärente, aber sterilem Akademismus verfallene Theorie, deren Heilkraft zweifelhaft geworden war.

Dieser verbreiteten, von den Schulen gelehrten Ideologie und ihrer wirkungslosen Praxis steht Paracelsus gegenüber und fordert eine neue Begründung der Medizin, eine neue Auffassung der ärztlichen Berufung und entsprechend auch ein neues Verständnis von Krankheit. Er hat zu diesem Thema mehrere Abhandlungen verfaßt, vor allem die sehr berühmt gewordenen *Volumen paramirum* (I, 163–239) und *Opus paramirum* (IX, 37–230). Sie eröffnen eine dynamische und dynamistische[20] Schau der Welt: Die Krankheit ist nicht in der Materie, besteht nicht in zuviel oder zuwenig an Materie. Sie ist mit den Kräften verknüpft, die nach einer vorgegebenen Anordnung zusammen den menschlichen Organismus bilden, dessen Gleichgewicht in vielförmiger und charakteristischer Weise gestört werden kann.

Um dieser dynamistischen Theorie ein befriedigendes Fundament zu errichten, legt Paracelsus zuerst dar, woraus der Mensch beschaffen sei. Er erkennt in ihm – wie übrigens in allen Wesen der Natur – drei Grundsubstanzen: das Salz, das Quecksilber *Merkur* und den Schwefel. »Substanz« ist freilich bereits wieder eine irreleitende Bezeichnung, da sie, mangels treffender Worte, als Metapher dienen muß: Diese »Substanzen« sind eigentlich unsichtbare Kräfte und nicht mit Händen zu greifen (IX, 41, 49). Es ist nicht mit Augen zu sehen, wo sie zusammen eine lebendige Einheit bilden; das Leben selbst verbirgt sie. Wenn wir den Ast eines Baumes betrachten, sehen wir das Holz, nicht die einzelnen Elemente. Im Moment aber, da wir das Holz verbrennen, nehmen wir wahr, wie das Quecksilber im Rauch entschwindet, wie das Salz in der Asche zurückbleibt und wie der Schwefel das Holz durch das Feuer verzehrt hat. Die drei waren zuvor schon im Ast, nur eben durch das Leben verhüllt (IX, 49). Wenn die einzelnen Substanzen nicht mehr zusammenhaften, nimmt die Gefahr der Zersetzung überhand, und das bedeutet immer Lebensgefahr. Auflösung ist Tod.

Man muß daher das Innere (wieder eine Metapher!) der Dinge sehen. Der Nichteingeweihte sieht bloß die Oberfläche, den Ast des Baumes oder den Menschen von Fleisch und Blut. Der Arzt aber muß einen anderen Blick haben. Durch diesen Blick erkennt er, wie der Schwefel brennt, wie das Salz Festigkeit verleiht, wie das Quecksilber flüchtig ist. Der Arzt weiß, daß diese drei Kräfte, wenn sie wohl vereint sind, die Gesundheit ausmachen. Auf ihnen und ihrer Verteilung beruht die Harmonie; die vielfältigen Möglichkeiten ihres Ungleichgewichtes bestimmen die Krankheit. Wenn eine Substanz nicht in der Ordnung, in ihrem »Rang« (wie Paracelsus sagt) bleibt, entstehen Mißklänge und Störungen. Sie werden durch »Überheblichkeit« und »Stolz« einer Substanz verschuldet. Wenn

Der Fortschritt der Medizin in der Epoche nach Paracelsus ist eng mit dem Namen Andreas Vesals (1514 bis 1564) verknüpft. Die Titelillustration zeigt den erfolgreichen jungen Mediziner, der, links neben dem Seziertisch, die Obduktion der Leiche vorführt und dem sich drängenden Publikum die anatomischen Befunde erläutert.

das Salz die Oberhand gewinnt, wird es korrosiv und frißt das Fleisch an: Furunkel, Abszesse, Pusteln und offene Wunden sind die Folge, das Salz scheidet sich aus, trennt sich von den anderen. Das Gleichgewicht wird durch die *consolida* wieder eingependelt: Krankheiten des Schwefels heilt man mittels Safran, diejenigen des Quecksilbers mit Gold. In seinem Tun unterstützt der Arzt die Natur bei der Wiederherstellung der Ordnung. Denn die Natur weiß um die Ordnung, der Arzt steht ihr bei und schützt sie. Es gibt zahlreiche Krankheiten des Salzes, des Schwefels oder des Quecksilbers, deren jede eine eigene Störung, eine eigene Bedrohung für den Organismus darstellt. Jede verlangt – dies muß der Arzt wissen – nach einem ganz bestimmten Heilmittel. Nicht Fieber, Erbrechen oder übermäßiger Durst sind die Krankheit; sie sind bloße Anzeichen, die man nicht zu behandeln braucht. Die Krankheit selbst ist zu erkennen und zu heilen, und mit dem wiedergefundenen Gleichgewicht werden gleich auch die Symptome verschwinden.

Wie aber kommt es überhaupt zu Störungen des Gleichgewichts? Wie geschieht es, daß das Salz verkalkt oder kristallisiert oder auslaugt? Wie kann sich das Quecksilber verflüchtigen, sublimieren oder der Schwefel sich zusammenballen und auflösen? Die sichtbare Welt hilft unserer Vorstellung mit Analogien. In einem zu feuchten Feld verfault das Korn: So kann in einem zu stark ernährten Körper das Salz sein Gleichgewicht nicht aufrechterhalten (IX, 105). Oder wie die Milch gerinnt, kann der Schwefel zu Vitriol[21] oder Alaun[22] koagulieren. Man darf nicht vergessen, daß in jedem Bestandteil Salz, Schwefel und Quecksilber enthalten sind; daher sind tausend Konstellationen des Ungleichgewichtes gegeben, die alle den Gesamtorganismus bedrohen.

Nachdem er die Ausgangslage so erklärt hat, macht sich Paracelsus an die Ausarbeitung einer Theorie der möglichen Disharmonien. Er nimmt verschiedene destabilisierende, störende Kräfte und Mächte an, die in unterschiedlicher Weise auf den Menschen – ständig in Bewegung und im Werden begriffene Mischung – einwirken. Der Arzt muß diese Kräfte und Mächte benennen und unterscheiden können, da er, ohne sie zu verstehen, keine verläßliche Diagnose stellen könnte.

Die verschiedenen Kategorien von Kräften nennt Paracelsus *ens* (Plural *entia*) und unterscheidet deren fünf (deshalb ist das *Volumen paramirum* auch als »Buch der fünf Entien« bekannt), namentlich das *ens astrale,* das *ens veneni,* das *ens naturale,* das *ens spirituale* und das *ens Dei.* Die Ausführungen Hohenheims über diese fünf Kategorien destabilisierender Größen enthalten einen guten Teil überaus origineller Bemerkungen. Der Anstrich von Aktualität und Modernität soll uns aber nicht dazu verleiten, Paracelsus für irgendeine Richtung zum »Pionier« zu erklären!

Das *ens astrale* benennt die Macht des Gestirns (nicht im Sinne einer Kausalbeziehung, sondern wie wir es früher schon dargestellt haben). Der Mensch lebt mit dem Gestirn, und solange dieses sich wohlbefindet, geschieht dem Menschen nichts Böses. Paracelsus glaubt aber, daß auch der Himmel erkranken könne und Krisen durchstehen müsse, was wiederum auf den Menschen zurückwirke. Die Krankheit des Himmels ist ziemlich schwierig zu definieren; sie rührt sowohl vom Sichtbaren wie vom Unsichtbaren her, es kann sowohl das Klima, ein Zyklon, Regen und Feuchtigkeit sein als auch die unsichtbare Macht von Saturn oder Mars. Im Himmel leben wir, atmen das Sichtbare und das Unsichtbare zugleich ein, und jeder Stern findet in uns Entsprechung und Widerhall. Wenn die Luft in einem Zimmer verdorben sei, müßten alle sie einatmen, meint Paracelsus, jeder aber leide darunter gemäß seiner eigenen Empfindlichkeit.

So wirkt der Himmel auf alle; jeder aber nimmt den Einfluß auf seine eigene Weise auf. »Gleicherweise als ein Brot, das vor uns liegt und allen Tieren (Wesen) zur Speise gesetzt ist. Wenn der Mensch es ißt, so wird sein Fleisch daraus; ißt es der Fisch, so wird dessen Fischfleisch daraus. Nun sieh, wie die zwei Fleisch voneinan-

»Das Bad von Leuk« von Hans Bock d. Ae., 1597. Unverkennbar dienten die Badekuren des 16. Jahrhunderts nicht allein medizinisch-therapeutischen Zwecken.

der (unterschieden) sind!« (IX, 195) So bringt derselbe Himmel, je nach dem Körper, der seinem Einfluß unterliegt, eine andere Wirkung hervor. Mars entzündete nicht den gleichen Mut in Petrus wie in Paulus, Saturn schlug sie nicht mit gleicher Melancholie.

Das *ens astrale* untersteht nicht dem menschlichen Willen; es entzieht sich unserer Macht. Dies wird deutlich sichtbar an der Zeit, die das Gestirn mit vielfältigen Rhythmen und Gestalten vorgibt. Dem Arzt gelingt die Heilung nicht, wenn er zu früh oder zu spät eingreift. Jedem Wesen flößt das Gestirn seinen eigenen Rhythmus ein, seine eigene Entwicklung und sein Maß, das heißt auch sein Schicksal. Das Gestirn durchtränkt die eine Größe in diesem Land, eine andere in jenem; es bestimmt die Epochen und legt jeder Epoche einen eigenen Takt fest. Wenn man erwachsen geworden ist, soll man sich nicht wie ein Kind verhalten; gleicherweise ist es nicht geraten, heute wie zur Zeit Galens arzneien zu wollen. Auch das Heilmittel hat seine Zeit; am Arzt ist es, die Zeit der Krankheit (deren Entwicklungsgrad) mit der Zeit des Heilmittels in Übereinstimmung zu bringen.

Die Zeit ist stärker als der Arzt. Er muß auf sie achten, sich ihr beugen; er kann keine Krankheit vorzeitig heilen. Es braucht Zeit, und selbst um ein Haus zu bauen, gibt das Gestirn die Zeit an. Der Mensch ist ihr unterworfen. Gott allein kann die Dinge unvermittelt und blitzartig geschehen lassen. Der Mensch muß warten, und wenn er nur, um ein Beispiel zu nennen, Zucker schmelzen will, meint Bergson.

Jeden Tag scheint die Sonne und wird es wieder Nacht. Das ist eine beachtliche Einflußgröße, sowohl im Leben wie für eine Behandlung. Der Arzt darf den Rhythmus nicht vergessen, der dem ganzen Leben eingeprägt ist.

Paracelsus spricht so nicht vom Himmel und dem Gestirn an sich, sondern von ihrem Bezug zum Menschen, zu seiner Gesundheit und seiner Krankheit. Er weiß, daß sie die Epochen bestimmen, das Schicksal eines Landstriches, eines Volkes festlegen. In ihrem immer und überall gegenwärtigen Einfluß ist der Mensch unvermeidlich gefangen. In diesem Sinne sind sie sein Los.

Das *ens veneni* (I, 189–209) führt unsere Erwägungen fort in einen anderen Bereich, der viel zur Erhellung beiträgt. Unser Körper (der elementare Leib) muß sich ernähren; er nimmt äußere Substanzen auf wie Fleisch, Früchte, Wasser usw. Nun sind in diesen Substanzen Gifte enthalten – oder, um es richtiger darzustellen: In jedem Nahrungsmittel mischen sich Gutes und Schlechtes. Eine

Der Blick in eine Krankenstube, wo verschiedene Patienten behandelt werden.
Zentral im Vordergrund beschaut ein gelehrter Doktor den Harn; die praktisch-chirurgische Knochenarbeit wird von Gehilfen oder niederrangigen Wundärzten ausgeführt. (Holzschnitt aus Paracelsus' »Großer Wundarznei«.)

Frucht ist nicht Gift an und für sich, sondern kann dazu werden in Verbindung mit einem anderen, beispielsweise als Nahrung für ein bestimmtes Wesen. Nicht ein Kraut an sich ist giftig, aber es kann Gift werden für ein Tier, das davon frißt. Alle Dinge sind vollkommen für sich selbst; erst in Verbindung mit anderen tritt ihre relative Unvollkommenheit zutage.

Der Mensch braucht andere, äußerliche Wesen bzw. Substanzen, da er Mangel leidet und der Nahrung bedarf, um sich zu erhalten und sein Dasein zu fristen. Täglich ist er so auf andere angewiesen. Wenn er sich von ihnen ernährt, nimmt er auch das Gift auf, das in ihnen enthalten ist. Dadurch steuert er auf seinen eigenen Tod hin.

Ohne Zweifel würden die Gifte die Zerstörung des Menschen bewirken, wenn nicht in ihm selbst ein »Alchimist« nistete, der das Zuträgliche vom Schädlichen zu scheiden vermag. Nur deshalb gelingt es dem Menschen, am Leben zu bleiben. Dieser Alchimist wirkt unmittelbar im Sinne der Lebensdynamik; er verhindert die überall lauernde Zerstörung und sichert dem Organismus den fortgesetzten Aufbau. Dies ist wunderbarer als die Geburt selbst.

Berufe, die sich im mittelalterlichen Gesundheitswesen um das leibliche Wohl der Menschen kümmern: der »Balbierer«, der auch Wunden heilt und zur Ader läßt (links), und der Bader (rechts). (Aus Jost Ammans »Ständebuch«, 1574)

Es gibt Tiere, die im Schlamm wühlen und darin finden, was wir nie zu finden wüßten. Der Pfau verschluckt Schlangen, die für uns tödliches Gift bedeuten würden. In jedem Lebewesen steckt ein vollkommener Alchimist; so ist das Überleben der Natur und deren Dynamik gerettet. Es ist wie mit dem Fürsten und seinem Knecht: Der Diener ist für den Herrn sowohl ein Vorteil wie ein Übel; der Fürst ist auf ihn angewiesen; der Knecht leistet ihm nützliche Dienste. Paracelsus fügt hinzu, am Herrn sei es, das Gute aus dem Diener zu ziehen ohne das Schlechte. (Hegel wird das Beispiel später aufgreifen!)

Wenn der Alchimist (den sich Paracelsus grundsätzlich im Magen, aber auch sonst in jedem Organ vorstellt) gestört ist, wird die Trennung zwischen förderlichen und unbekömmlichen Nahrungsmitteln unzureichend oder überhaupt nicht vorgenommen. Als Folge tritt Krankheit ein, da das nicht ausgeschiedene Gift sich übel auswirkt. Der Arzt muß dann aus der Krankheit entnehmen können, um welches Gift aus welchem Nahrungsmittel es sich handelt. Erst wenn er die Art des nicht ausgeschiedenen, daher schädlichen Giftes identifiziert hat, kann er sich das passende Hilfsmittel vorstellen.

Der Alchimist in uns ist deshalb von zentraler Bedeutung für die menschliche Pathologie. Ausscheidung (beispielsweise des Arseniks[23] durch die Ohren, des Schwefels durch die Nase, des Quecksilbers durch die Poren der Haut, des Salzes durch den Urin usw.) und Aufnahme sind dem geübten Auge des Arztes gleichermaßen wichtig. Sie zeugen von dem Prozeß, der stattgefunden hat, dem natürlichen Prozeß schlechthin: Ein Ding gibt seine Tugenden nur preis, indem es sich auflöst. Damit ein Arzneimittel entstehe, muß die Pflanze als solche sterben; damit es Nahrung gebe, muß die Frucht sich in ihre Bestandteile zerlegen. Es ist dies ein allgemein und überall zu beobachtender Verlauf – gültig auch in der geistigen Dimension: Auch der Mensch muß sterben (»sich selbst absterben«), um wiedergeboren zu werden.

Die Pathologie, die sich hier zu begründen versucht, ruht auf einem allgemeinen philosophischen Prinzip: der Unterscheidung zwischen dem »für sich« und dem »für andere«, dem für sich Vollendeten, für andere aber Unvollendeten. Unvollendet für das andere, da dies andere Mangel und Bedürfnis ist. Von daher werden alle Dinge in ein unendliches Kreisen versetzt. Wäre die Welt statisch, existierte jedes Wesen nur für sich, dann gäbe es kein Gift. Dies war der Zustand vor dem Sündenfall. Die Sünde jedoch führte den Mangel ein; durch den Mangel wird der Mensch gezwungen, sich der Wesen und Dinge zu bedienen, die ihn umgeben, um damit seine eigenen Ziele zu verfolgen. Der Grund des *ens veneni* liegt in dieser

Zwei Berufsgruppen aus Jost Ammans »Ständebuch«: der Apotheker (links) und der Arzt (rechts).

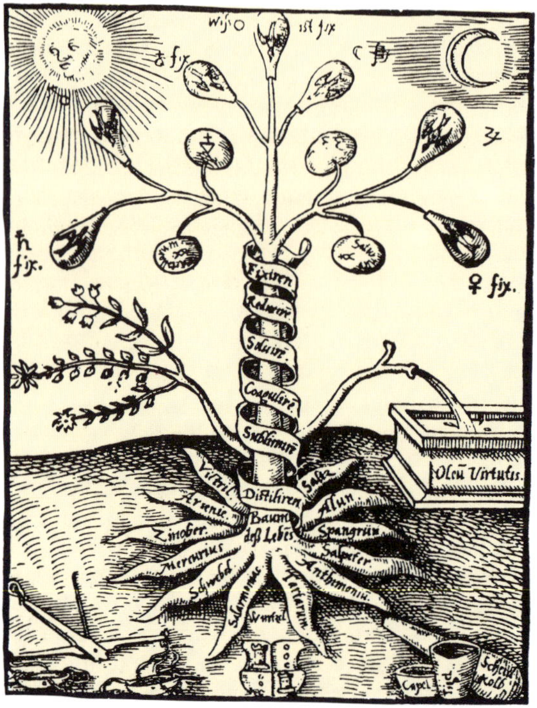

Symbolische Darstellung des »Mercurius«, des Quecksilbers. Bereits Paracelsus verwendete Quecksilber zur Behandlung von Syphiliskranken, und mit quecksilberhaltigen Salben wurde die »Lustseuche« bis ins 20. Jahrhundert hinein bekämpft.

Beziehung. Die Wesen können nicht für sich bleiben: Alle fallen sie übereinander her, der Mensch über das Rind, das Rind über das Gras und so fort. Jedes Leben setzt den Tod eines anderen voraus.

Erst durch die Zerstörung eines »anderen« wird Nahrung verfügbar oder die Tugend der Heilpflanze, die Lebenskräfte. Dank dem Alchimisten ufert die Zerstörung nicht aus in ein allumgreifendes Chaos; er trennt und legt das Maß fest. Der bewundernswürdige Alchimist also hat die Erkenntnis von Gut und Böse – eine Erkenntnis, die den Umfang unseres Verständnisses weit übersteigt.

Paracelsus ist sich des ununterbrochenen Vorgangs in uns, der ohne unser Zutun abläuft, voll bewußt. »Gib uns heute unser täglich Brot«, diesen Vers des Vaterunsers, interpretiert er so: Gib uns, gib unserem inneren Alchimisten heute, was er braucht, um den fortwährenden Aufbau unser selbst aufrechtzuerhalten.

Das *ens naturale* (I, 202–214) bringt uns im Verständnis der Krankheiten einen weiteren Schritt voran. Der Mensch bildet, wie wir sahen, ein Ganzes, er hat auch einen inneren Himmel, der wie das äußere Firmament eine spezifische Konstellation (Sternstellung) aufweist. Damit ist gemeint, daß der menschliche Organismus, eine dynamisch geleitete Ordnung, durch den *archeus* strukturiert wird.

Diese Struktur neigt zur Verfestigung und entwickelt sich planvoll, nach eigenem Code und Rhythmus, von der Geburt bis zum Tod. Auf den eigentümlichen Takt des Lebens muß der Arzt achten, wenn er eine Diagnose stellt und Heilmittel anwendet. Ein Kind kann er nicht gleich behandeln wie einen Greis. Doch es ist nicht immer einfach, den richtigen Moment zu erwischen.

Wenn jemand nur einige Wochen lebte, hätten die inneren »Sterne« ihren Lauf genau gleich vollendet, wie wenn er 100 Jahre gelebt hätte, meint Paracelsus.

Was den Mediziner hier aber insbesondere interessiert, ist die Struktur, die dem Rhythmus eingeschrieben ist, mit anderen Worten: wie sich der individuelle Himmel darin niederschlage und ausdifferenziere. Die spezifische Struktur jedes menschlichen Wesens besteht aus einer Verflechtung von Kräften, da jedes Organ seinen eigenen Rhythmus, seinen eigenen »Stern«, sein mit besonderen Eigenschaften ausgestattetes Vermögen besitzt. So entstehen sieben Rhythmen und Schwingungen, die sich überlagern; die Gesamtkonstellation aus diesen sieben Funktionen bestimmt das *ens naturale.* Sie legt den für jedes Individuum eigenen Ablauf seines Lebens fest von der Geburt bis zum Tod.

Jeder »Planet« dieser Konstellation herrscht über ein Gebiet, wo er seinen Einfluß hat. Wenn aber einer in eine Region übergreift, die ihm nicht entspricht, entsteht Krankheit. Solche widerrechtlichen Übergriffe gilt es zu erkennen. Oft verraten sie sich bereits im Äußeren des Patienten, so wie sich andererseits durch die Schönheit inneres Gleichgewicht anzeigt.

Das *ens naturale* unterrichtet uns folglich über die spezifische Gestalt und Dynamik jedes Wesens und über dessen Entwicklungsgesetz. Der Mensch gedeiht und wächst wie die Pflanze, er entgeht seiner Programmierung nicht. Der scharfsinnige Arzt weiß die Stufen, die Zeitqualitäten innerhalb dieses Ablaufs zu bestimmen; er entziffert das Schicksal jedes Patienten.

Das *ens spirituale* (I, 215–224) trägt einen irreführenden Namen. Denn es hat ganz offensichtlich keinen Bezug zum Glauben oder zum übernatürlichen Leben. Es ist ein vollkommen natürliches Vermögen. »Spirituell« deutet hier auf alles, was aus den Ideen, den Worten entsteht, auf die Verhältnisse zwischen den Menschen mit ihrer Liebe und ihrem Haß. Es geht also um die nichtmaterielle Dimension des zwischenmenschlichen Bereiches, in den wir, als Wesen mit immateriellen Beziehungen, gestellt sind. Keinesfalls handelt es sich um die Seele – alles, was sich auf die Seele bezieht, wäre unweigerlich von den Theologen und der Kirche für sich beansprucht worden. Dieser Falle will Paracelsus entgehen: Er spricht einzig vom Natürlichen.

Es ist im wesentlichen eine von den Erwachsenen aufgebaute Welt, der das Kind nicht angehört. Das Kind lebt einfach, sagt Paracelsus, der Erwachsene aber schafft durch seine Verbindungen, seine Handlungen, seine Worte, seine Antipathien und Sympathien, seine Erfindungen und seine Imagination eine eigene Welt, der er nicht entkommt, deren er sich nicht mehr entledigen kann. Durch seinen Willen wirkt er in ihr; was aber so entstanden ist, geht zunehmend über seine Willensmacht hinaus. Diese Welt kann ein solches Gewicht annehmen, daß das Individuum darunter erkrankt. Die Gewalt des *ens spirituale* ist nicht zu unterschätzen. Mißbilligung, Ablehnung oder Verurteilung können töten. Es gibt einen Haß, der krank macht, eine Liebe, die in den Wahnsinn treibt, eine Wut, die niederstreckt. Der Vernunft ist diese Gewalt nicht zugänglich; sie ist irrational und vielfältig.

Das *ens spirituale* des Bauern ist anders als das des Politikers, anders als das des Gottesmannes oder des Fürsten. Die Geschichte zeigt uns das – positive oder negative – Gewicht des spirituellen Vermögens. Denn es ist interpersonell und unterscheidet sich grundsätzlich von der Beziehung zu Dingen. Von der Sympathie geht es zum Wort, vom Wort zur Handlung über.

Hier in der menschlichen Gemeinschaft, wo der einzelne mit den anderen durch unsichtbare Beziehungen verknüpft ist, die Paracelsus etwas ungeschickt »spirituell« nennt, entstehen die krankheiterzeugenden Spannungen, sei es zwischen einem Paar (als der kleinsten Gemeinschaftsform), in einer sozialen Gruppe oder im Umfeld der Arbeit.

Das *ens spirituale* ist im Unterschied zum *ens naturale* noch nicht mit unserer Geburt gegeben, es ist eine Schöpfung des Menschen selbst, ein Werk der Kultur. Damit skizziert Paracelsus eine durchaus eigene Ansicht. Er versucht den diffusen Bereich einzukreisen, der bald von der Seele, bald von den intellektuellen Funktionen des Subjekts besetzt worden war. Er entwirft einen Plan, der alles der menschlichen Tätigkeit selbst zuschreibt, aber ohne daß der Mensch, wenn die Linien einmal gezogen sind, nach Belieben darüber verfügen könnte. Es ist der Bereich der zwischenmenschlichen Beziehungen, ohne die menschliches Leben nicht denkbar ist, dem hier entscheidendes Gewicht zugesprochen wird.

Die Medizin, die sich darauf bezieht, trägt allem Rechnung, was für das Individuum entstehen kann aus den Verwirrungen, den Anomalien und Übertretungen auf dieser spirituellen Ebene. Heute würden wir hier möglicherweise von psychosomatischer Medizin sprechen. Mit seinen diesbezüglichen Beobachtungen hat Paracelsus die Ideologie der galenischen Ärzte, seiner Berufskollegen, weit hinter sich gelassen.

Das *ens Dei* (I, 225–233) mag sich in dieser Abhandlung wie ein Anhang ausnehmen. In Wahrheit ist es das keineswegs, trotz seiner Kürze. Was wir nach der Natur erkennen können, stellt Paracelsus fest, reicht aus, um die Krankheit zu verstehen; ein Heide kann sich damit begnügen. Der Christ weiß zusätzlich, daß der Mensch zwar der Natur angehört, gleichzeitig als Geschöpf aber auch von Gott abhängt, weil Gott ja Herr der Natur ist. Als Herr alles Erschaffenen kann er jederzeit in die Welt der Schöpfung eingreifen. Auch er kann uns Krankheit senden.

Dieser Krankheit steht der Arzt machtlos gegenüber, denn sie ist ihm unverständlich. Sie entspricht nichts von dem, was bisher dargestellt wurde; sie kommt weder vom Gestirn noch von einem Gift,

---

»Eine jegliche Stund gibt eine neue Art, damit nichts gleich bleibt; denn wo solches nicht bestände, wer krank wäre, der bliebe still stehen, würde weder besser noch böser; und wer gesund wäre, bliebe auch also.« VI, 370

---

hat ihren Grund weder in der körperlichen Verfassung noch in persönlichen Beziehungen. Sie ist ohne Ursache.

Um so schmerzlicher ist sie zu ertragen – sowohl für den Arzt, dem sie nicht einsichtlich wird, wie für den Kranken, der sich fragen muß: Warum gerade ich?

Dies sind wahrlich unerklärte, unerklärbare Krankheiten. Paracelsus stößt hier an die Grenzen seiner Wissenschaft. Er hat sich die Krankheiten der Reihe nach vorgenommen, hat sie abgehandelt nach den Kräften oder Substanzen, die in ihnen herrschen. Mit unaufgeklärten Fällen tut er sich schwer. Und hier nun das *ens Dei.* Es legt ebensosehr – wenn nicht mehr – von der Mentalität seines Autors Zeugnis ab wie von der Art dieser Krankheiten. Der Rest, das Unerklärte, wird hier mit dieser fünften Benennung bezeichnet.

Doch Paracelsus kann es nicht bei einem so rohen Auf-die-Seite-Schieben bewenden lassen. Wenn die Krankheit schon nicht zu erklären ist (sie bleibt unerklärt), so sucht er wenigstens den Grund, weshalb Gott sie den Menschen schickt. Er findet mindestens zwei mögliche Antworten: Es könnte sein, daß Gott die Krankheit sendet, um einen Menschen zu prüfen, den er liebt, oder weil er damit den Bösen bestrafen will. Und Paracelsus stellt auch fest, daß Gott in gewissen Epochen mehr straft als in anderen.

Jedenfalls bleiben diese Krankheiten geheimnisvoll. Der Arzt kann sie nicht heilen; soll er also die Arme untätig verschränken? Sicherlich nicht, der Arzt verläßt seinen Kranken nie. Wenn er ihn nicht heilen kann, wird er ihm wenigstens helfen, die Prüfung zu ertragen.

Paracelsus stellt seine Betrachtungen ganz unabhängig an, und zwar – verglichen mit dem Zustand der Medizin seiner Zeit – in verblüffender Offenheit. Im Lichte seiner Theorien kann man von Krankheiten nur sprechen unter Bezugnahme auf die Kräfte, die dem Menschen im gesunden Zustand das Gleichgewicht sichern. Sie hängen zusammen mit seiner Konstitution *(ens naturale),* der menschlichen Umgebung, in der er lebt, und der physischen und astralen Umgebung, die ihn umschließt *(ens astrale).* Die Krankheit ist stets an einen bestimmten Punkt des Lebenslaufes gebunden, Ort, Zeit und Umstände sind stets anders, daher ist jede Krankheit singulär. Die Krankheiten sind nicht gleich, sondern jede hat ihren eigenen Verlauf. Paracelsus spricht von »Konstellation«, auch von »Körper« oder manchmal von »Figur«. Immer befinden wir uns im Gegensatz zu der Lehre von den Körpersäften. Da die Einzigartigkeit jeder Krankheit feststeht, kann der Arzt sie nur angehen, indem

Eines der frühesten Syphilisflugblätter aus dem Jahre 1496. Die Zeichnung soll von Albrecht Dürer stammen.

er sich in jedem Fall neu fragt: Wer ist krank? Wer ist der Kranke? Wie lebt er? Wie fügt er sich in seine Umgebung ein? Wie entwickelt er sich? In welcher Lage befindet er sich gegenwärtig?

Diese Einsicht ist von zentraler Wichtigkeit, da die oberflächlich gleichen Krankheiten verschiedene Ursachen haben können. Trotz augenscheinlicher Identität sind dann verschiedene Heilmittel anzuwenden. Dies versteht nur der scharfsichtige Arzt.

VII. Der Arzt und das Heilmittel

»Nun merket, daß Gott den Arzt unter allen Künsten und Fakultäten der Menschen am liebsten hat, ihm befiehlt und gebietet.« (VIII, 205)

»Eine jegliche Krankheit hat ihre eigene Arznei.« (XI, 129)

Paracelsus hat keinen Augenblick seines Lebens aufgehört, vom Arzt, dessen Aufgabe und Funktion zu sprechen; er war sich seiner Botschaft und der Überlegenheit seiner Ansichten wohl bewußt. Die Medizin stand stets im Zentrum seines Denkens, und das ganze Werk ist davon gezeichnet, auch jene Schriften, die nicht direkt davon handeln. Der Arzt gilt ihm als der Inbegriff des vollkommenen Menschen: Er entdeckt nicht allein die Kostbarkeiten der Natur und deren bewundernswerte Vorkehrungen, sondern steht auch seinen leidenden Mitmenschen hilfreich bei.

Die Bedürftigkeit verlangt nach dem Arzt. Es ist wie ein Leitmotiv: Immer wieder kommt Paracelsus auf die Notdurft zu sprechen, womit umfassend alles bezeichnet wird, was dem Menschen fehlt und ihm notwendig ist. In anderen Schriften ist die Rede vom Armen, der durch die Besitzenden ausgebeutet wird; an noch anderen Orten schreibt er vom Menschen als einem der Unsicherheit ausgesetzten Wesen. Nie konnte Paracelsus sich von dem Gedanken der menschlichen Ungewißheit in der Welt, der *Gebrechlichkeit* lösen.

Die Funktion des Arztes ist ganz auf diese Sicht des Menschen als bedürftiges Mängelwesen abgestimmt. Dies ist der Grund, weshalb sich Paracelsus seinen Berufskollegen gegenüber so unerbittlich, ja grob äußert: Sie verfolgten wesentlich andere Ziele als diejenigen des berufenen Arztes. Von ihrer ursprünglichen Aufgabe seien sie abgewichen, hätten sich auf die Jagd nach Gold und Ehren gemacht; sie zierten sich mit schönen Kleidern und schmeichelten den Mächtigen dieser Welt. Nicht allein, daß sie die Heilung nicht verstünden und die Kranken folglich betrügen würden; schuldig seien sie auch, indem sie das Licht der Natur, das ihnen als Ärzten unverzichtbar notwendig wäre, verkennten, sich irrten und auf die Autorität bloßer Bücher beriefen. In ihnen fände die medizinische Kunst keine Begründung. Sie seien irrende, verirrte Ärzte (in Paracelsus' eigenen Worten, nach dem Titel des Traktats *Labyrinthus medicorum errantium* von 1538).

Paracelsus beklagt, die medizinische Kunst sei in einen jämmerlichen Zustand gefallen, sowohl bei den Deutschen wie bei den Franzosen; es sei wahrhaft schändlich. Die hohen Schulen bildeten unverständige, unfähige und skrupellose Doktoren aus. Es sei eine Sünde wider den Heiligen Geist (X, 484–486).

Ist es nicht verbrecherisch, solch unfähige Ärzte zu den Kranken zu schicken? Sie verschlimmern noch das Übel, anstatt zu heilen. Denn man heilt nicht mit Parolen, sondern mit den Arkana. Dafür braucht es eine sichere Praxis.

Eine sichere Praxis – genau sie ergibt sich aus der Erkenntnis, die die Natur in uns entzündet. Das Licht in uns gibt uns Gewißheit; der wahre Arzt sieht. Er stellt keine Hypothesen, keine Vermutungen auf – er weiß. Dieses Thema wird häufig angeschlagen, so auch im neuen *Eid,* den Paracelsus in der Nachfolge von Hippokrates entwirft. »Das gelobe ich: (...) Nicht zu wähnen, sondern zu wissen« (VI, 181), heißt es da. Welch kühne Aussage von Paracelsus! Das Fundament seiner Arzneikunst wird sie rechtfertigen.

Er will die Medizin von einer neuen Sicht aus verstehen, um sie aus der verderbten Praxis seiner Zeit herauszuführen. Er weiß, daß die Medizin ein Leitbild braucht. In jeder Epoche stützt sie sich explizit oder implizit auf bestimmte Postulate, die in ihrem Verbund

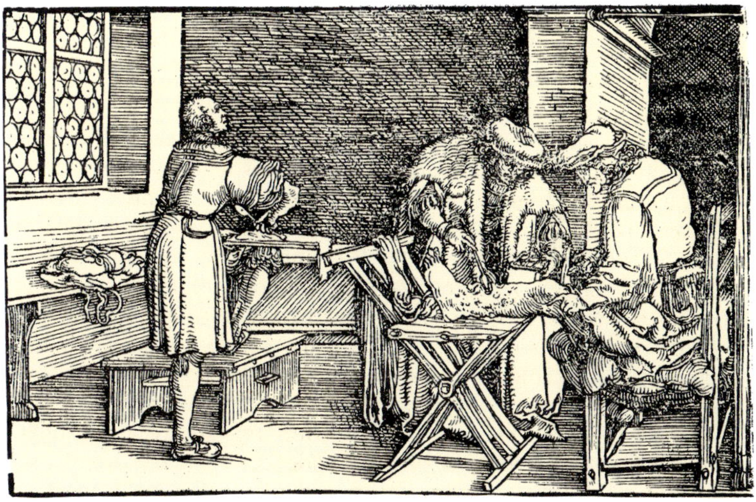

Ein Arzt und sein Gehilfe kümmern sich um einen Kranken, dessen Bein bedrohlich aufgeschwollen ist. (Holzschnitt aus Paracelsus' »Großer Wundarznei«.)

Traktat von Otto Brunfels, das Zubereitung und Verwendung von verschiedenen Arzneien lehrt. Der Druck ist billig gemacht; für den Titelholzschnitt wurden zwei alte Druckstöcke wiederverwendet (links feingekleidete Leute in einem Kräutergarten, rechts ein Apothekergehilfe beim Mörsern).

die Prinzipien bilden, welche die verschiedenen, die Zeit kennzeichnenden Praktiken und Ansichten verständlich machen. Auch Paracelsus will jetzt die Säulen (wieder eine Metapher!) aufzählen, welche die von ihm entwickelte und geförderte Medizin stützen. Zu den Säulen kommen die verschiedenen Prinzipien dazu, von denen schon früher die Rede war; zusammen bilden sie die gedankliche Grundstruktur, auf welcher die Begründung der Heilkunst aufgebaut wird.

Die Säulen der Heilkunst stellt Paracelsus im berühmten Buch *Paragranum* dar, abgefaßt ums Jahr 1530. Der Arzt, heißt es dort, muß Philosoph, Astronom und Alchimist sein. Als vierte Säule fordert Paracelsus Redlichkeit und Ehrlichkeit. Ohne diese Eigenschaften könne niemand ein echter Arzt genannt werden.

Die da vorgetragene *Philosophie* (VIII, 139–160) ist nicht Spekulation, auch nicht Moralphilosophie nach der Art von Erasmus (II, 185). Philosophieren nach Paracelsus heißt vor allem, sich dem Zusammenspiel der Naturkräfte zu öffnen, diese unsichtbaren Kräfte

Eine vergleichbare Schrift wie gegenüber (Seite 176), diesmal aber stattlicher aufgemacht; Otto Brunfels wirkte als Herausgeber und Übersetzer.

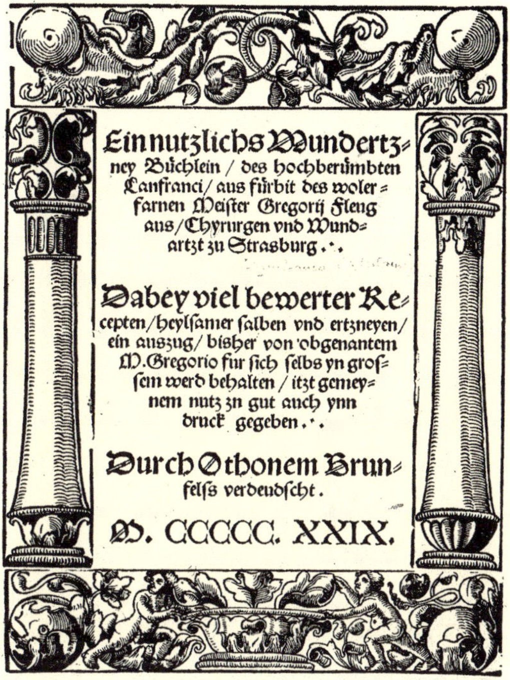
Ein nutzlichs Wundertz=
ney Büchlein / des hochberümbten
Lanfranci / aus fürbit des woler=
farnen Meister Gregorij Fleng
aus / Chyrurgen vnd Wund=
artzt zu Strasburg.·.

Dabey viel bewerter Re=
cepten / heylsamer salben vnd ertzneyen /
ein auszug / bisher von obgenantem
M. Gregorio fur sich selbs yn gros=
sem werd behalten / itzt gemey=
nem nutz zu gut auch ynn
druck gegeben.·.

Durch Othonem Brun=
felss verdeudscht.

M. CCCCC. XXIX.

in der Durchdringung der gesamten Wirklichkeit zu beobachten und überhaupt das Unsichtbare im Sichtbaren wahrzunehmen. Der Philosoph muß beispielsweise das Kupfer kennen, wie es wirkt, wo es liegt, was für Krankheiten daraus entstehen. Er weiß dann auch, was im Menschen Kupfer ist und wie es in ihm reagiert. Denn wie sollte man beim Menschen den Puls oder eine Kolik oder die Bildung von Nierensteinen verstehen, wenn man nicht zunächst die Naturerscheinungen kennt? Über den Rost kommt man zum Verständnis der Geschwüre, über das Vitriol zum Aussatz, über das Gestein zu den *tartarischen* Krankheiten. Wer die äußere Welt kennt, versteht auch das Innere des Menschen. Die Natur läßt uns den Menschen erkennen.

Die *Astronomie* (VIII, 160–180) erhellt, wie wir die Einflüsse des Himmels empfangen. Der Fels nimmt den Regen nicht auf, aber die Erde. So nimmt auch der Mensch den Himmel je nach seiner Konstitution, je nach seiner Beschaffenheit auf, jeder wieder anders,

»Die Menschen wandeln sich mit der Zeit und nehmen andere Lebensformen an. Und wie sich diese wandeln, so müssen auch Recht und Ordnung sich wandeln.« XIV, 258

ganz nach seinem inneren Firmament. Das große Firmament dringt so in den Menschen ein, wie der Sonnenstrahl durch das Fenster fällt, und bleibt in uns dort gegenwärtig, wo es auf Ähnlichkeiten stößt. Es schlägt im wesentlichen den Takt zu unserer Entwicklung, prägt den Rhythmus unserer Organe, unserer Krankheiten. Ohne Kenntnis des Firmaments kann der Arzt nicht gezielt eingreifen.

Der *Alchimie* (VIII, 181–203) bedarf der Mediziner hauptsächlich zur Bereitung der Arzneien. Er treibt das Heilmittel zur Vollendung, wie der Sommer die Frucht am Birnbaum zur Reife drängt. Der Arzt muß die alchimistische Wissenschaft aber auch beherrschen, um zu verstehen, was im Inneren des Menschen abläuft, wie beispielsweise der Magen Gutes und Schlechtes in der Nahrung trennt und wie jedes Organ das ihm Nützliche und Notwendige aus dem so Aufbereiteten im Magen zieht. Alchimist muß der Arzt auch sein, um die besonderen Kräfte und Tugenden in den natürlichen Wesen zu entdecken oder wenn er mit dem Heilmittel die Krankheit zur Entwicklung antreibt. Die Alchimie ist dem kundigen Arzt, der mit Wissenschaft vorgehen will, unverzichtbar.

Die genannten ersten drei Säulen der Heilkunst waren uns bereits bekannt. Neu jedoch ist die vierte Säule, von Paracelsus *virtus* genannt (VIII, 203–221). Der Autor weist damit grundsätzlich auf die Rechtschaffenheit, die Ehrlichkeit und Integrität des Arztes hin. Im ersten Augenblick scheint es nur darum zu gehen, einmal mehr die Unehrlichkeit der üblichen Medizin zu denunzieren. In Wahrheit aber hält die *virtus* die vorgenannten drei Säulen zusammen; erst durch die Redlichkeit, sagt Paracelsus, wird sichergestellt, daß die drei anderen Säulen wirklich sind, was sie sein sollen. Rechtschaffenheit handelt zum Wohle des Kranken, mit dem klaren Bewußtsein, dies Wohl hänge von der Kompetenz des Arztes ab: Er muß sehen, was im Kranken vorgeht, d. h. sich als Philosoph, Astronom und Alchimist bewähren. Deshalb kann im Sinne von Paracelsus dieser vierte Pfeiler die »Säule der Säulen« genannt werden. Ehrlich ist nur, wer die Begründung und das Fundament seines Handelns kennt. Dies heißt »sehen«, im Gegensatz zu wähnen, vermuten oder raten.

Deshalb macht diese vierte Säule aus dem Arzt den von Gott Be-

LXII Contrafayt

C

D **Christwurtz: oder**
Nyeßwurtz.
Von seinem Nammen.

Christwurtz würt vff Kryechisch geneñt Helleborus/ vff Latin Veratrum/ vnd bey etlichen Teütschen Christwurtz/ von den anderen Nyeßwurtz/ vnd Leüßkraut.

Wohär im sein nammen komen.

Würt geneñt Christwurtz/ darumb das sein blům/ die gantz gryen ist/ vff die Christnacht sich vffthůt/ vnd blůet. welches ich auch selb wargenommen vnd gesehen/ mag für ein gespötte haben wer do will. Nyeßwurtz darumb/ das sye pulverziert/ macht nyeßen.

Kolorierter Holzschnitt des Künstlers Hans Weiditz aus Otto Brunfels' »Contrafayt Kreüterbuch«. Zu jener Zeit fanden fast alle bekannten Pflanzen in der Heilkunde oder in der Küche Verwendung.

vorzugten. In der Tat kennt der Arzt aufgrund seiner – der edelsten! – Kunst die Natur in ihren Wundern und Mysterien am besten. Wenn er Wege einschlägt, die ihn nicht in Richtung der Begründung seines Handelns führen, kann er nichts als scheitern.

Der Pseudo-Arzt (*schaumarzt,* sagt Paracelsus) mißbraucht das Vorhandene zu seinen persönlichen Zwecken und versagt gleichzeitig vor der Natur und dem Wohl des Kranken. Der Arzt sei kein Krieger, verlangt Paracelsus, er müsse ein reines Herz haben. Dies ist Redlichkeit.

Auch die Ausbildung des Arztes ist Teil der Rechtschaffenheit. Schon früh muß er beginnen; was nicht rechtzeitig gesät wird, gedeiht nicht. Wie könnte einem überalterten Baum ein frisches Reis aufgepfropft werden? Die ärztliche Kunst erlernt sich in Geduld, wächst mit dem Körper nach einem eigenen Rhythmus. Wie sollte auf einem bejahrten Tannenbaum eine Quitte wachsen? Für die medizinische Kunst legt Paracelsus damit nur dar, was im allgemeinen seine Ansichten über die Entwicklung von Fertigkeiten und Techniken und die Entfaltung von Begabungen sind. Für das Talent des Menschen gibt es eine Zeit der Reifung und Entwicklung wie für das Korn im Feld.

In der vierten Säule des Fundamentes der Heilkunst wird das paracelsische Ideal am klarsten sichtbar. Sie macht auch die Unerbittlichkeit seiner Schmähreden, seiner Sarkasmen und seiner Urteile verständlich.

Mit seiner beherrschenden Vorstellung von Heilkunst konnte er wahrlich nicht verstehen, wie die anderen Ärzte sich von ihrer Mission abbringen ließen. Ihn begleitet die Mission als Aufgabe für jeden Tag, zu jedem Zeitpunkt. Sie ist tyrannisch in ihrer Forderung, die dem Eingeweihten der *philosophia adepta* (demjenigen, der die Natur in ihren Wundern und Geheimnissen erkennt) weder Muße noch Erholung gönnt. Der redliche Arzt hat, einmal vom Licht der Natur heimgesucht, keine Augen mehr für andere Dinge. Denn alles andere, mit Ausnahme der Herrlichkeit Gottes, wird ihm nur noch bloße Eitelkeit scheinen.

Dies begründet und rechtfertigt die Heilkunst. Auf der Ebene

»Denn nicht in Ruhe, nicht in Wollust, nicht in Reichtum, nicht im Maul, nicht im Bauch steht die Seligkeit; sondern in Schweiß und Arbeit soll ein jeglicher die Gab verüben, welche ihm Gott auf Erden gegeben hat.« II/I, 253

---

der Aktion ist das Gemälde freilich noch unvollständig, es genügt ja nicht, daß der Arzt sehe und wisse, er muß auch handeln. Nach der Diagnose folgt die Therapie. Das passende Mittel ist anzuwenden.

Es ist schon mehrfach von Heilmitteln die Rede gewesen, vor allem im Kapitel zur Alchimie. Bei der Verabreichung der Arznei dürfen drei wichtige Punkte nicht vernachlässigt werden: Wie stellt man die Entsprechung zwischen der besonderen Tugend des Mittels und der einen oder anderen Krankheit fest? Wie bringt man das Mittel zu seiner optimalen Wirkung? Und schließlich: Zu welchem Zeitpunkt muß man eingreifen?

In der Art alchimistischer Operationen betreibt Paracelsus auch die Heilmittelzubereitung: Ingredienzen werden gereinigt, gelöst, ausgefiltert, verdampft, destilliert usw. Dieser Holzschnitt aus Brunschwigs »Destillierbuch« zeigt das Lösen von Substanzen im Wasserbad.

Die Besonderheit des Heilmittels wird durch die Signaturen hervorgehoben. Der Arzt erkennt die Produkte der Erde an ihrer Gestalt, ihrer Farbe, ihrem Geruch usw. Alle natürlichen Produkte finden Verwendung, auch die mineralischen Formationen und die Metalle, denn in allen schlummern verborgene Kräfte. Der Arzt entdeckt sie alle und verwendet sie. Die spagyrische Heilkunst[24] beruht durchaus nicht auf blinden Zufällen; sie entspringt einer Gesamtschau und nimmt darin einen natürlichen und logisch geordneten Platz ein.

Um die Entsprechung festzustellen, muß man die einmal erkannte Besonderheit des Heilmittels mit der »Anatomie« der Krankheit (wie Paracelsus es nennt, d. h. mit ihrer eigentümlichen Beschaffenheit) in Beziehung setzen. Ohne dieses Echo zwischen den zwei sich gegenseitig antwortenden Konstellationen ist kein erfolgreiches medizinisches Handeln möglich. »Selig die Stunde, darin (in der Erforschung dieser Verwandtschaften) zu arbeiten«, schreibt Paracelsus.

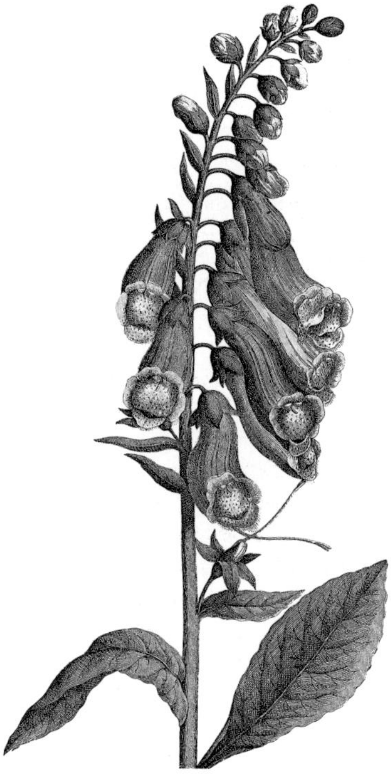

Links: Auch die heutige Medizin kommt ohne die »Tugenden« von Heilkräutern nicht aus; so wird beispielsweise der Rote Fingerhut zur Bekämpfung von Herzkrankheiten eingesetzt.

Rechts oben: Verschiedene Sieche und Krüppel, die sich mit Stöcken, Krücken, groben Holzprothesen, Bandagen und Polstern behelfen müssen, in einer Darstellung von Paracelsus' »Großer Wundarznei«.

»Seht, jedes Ding, das für die Gebärmutter gut ist, hat der *matrix anatomei* (die Gestalt der Gebärmutter), und deren Krankheiten sind in ihm vorgezeichnet!« (IX, 63)

Wenn man die Verwandtschaft einmal erkannt hat, muß das Mittel mit größtmöglicher Wirksamkeit angewendet werden. Man muß also die Tugend des Krautes, des Metalles oder des Minerals auf den Gipfel seines Vermögens treiben. In diesen Prozeß schaltet sich der Arzt in seiner Eigenschaft als Alchimist ein und läutert die Quintessenz. Es sei wie das Werk eines äußeren Magens, meint Paracelsus. »Also ist es auch mit der Arznei. Sie ist von Gott geschaffen, aber nicht bereit bis aufs Ende (vollendet), sondern in Schlacken verborgen. (...) Was die Augen am Kraut oder an Gesteinen oder an Bäumen sehen, ist nicht Arznei. Die Augen sehen bloß Schlacke.

Inwendig aber unter der Schlacke liegt die Arznei. Man muß zuerst das Heilmittel von den Schlacken reinigen; danach so ist die Arznei da.« (XI, 187) Zu diesem Zwecke muß der Arzt die Techniken des Destillierens, Sublimierens und Ausglühens beherrschen, womit er das Heilmittel zur Reife bringt. Er ist der *archeus* des Heilmittels, sein Sommer, sein Herbst (VIII, 187). Nicht aus Folianten lernt er die Tugenden der Arzneikräuter oder der Metalle, sondern er ermißt sie in der Erfahrung selbst.

Der dritte wichtige Punkt bei der Verabreichung eines Heilmittels ist am schwierigsten konkret zu definieren, und Paracelsus kommt oft darauf zurück. Es geht um die Frage des richtigen Zeitpunktes für den ärztlichen Eingriff. Wir wissen, daß die Krankheit sich entwickelt und verändert und daß auch das Heilmittel je nach seinem Alter, ob es aus einer jungen oder einer alten Pflanze gewonnen wurde, nicht stets die gleiche Macht besitzt. Die beiden Rhythmen in Übereinstimmung zu bringen und einen günstigen Schnittpunkt zu bestimmen, ist eines der größten Geheimnisse der Heilkunst. Und nicht bloß der Zeit des Kranken, der Krankheit und des Heilmittels gilt es Aufmerksamkeit zu schenken, sondern auch der Zeit des Gestirns, da die Wirkkräfte eines Krautes nur nach Maßgabe des Gestirnslaufes freiwerden. Man muß sie deshalb in allseitiger Harmonie zur Anwendung bringen. »Denn gleicherweise, wie eine Krankheit behender kuriert und vertrieben wird, die ein Monat alt ist, als eine, die bereits zwei, drei, vier oder fünf Monate alt ist, oder eine Krankheit von einem Jahr eher als eine von zwei, drei, vier oder fünf Jahren – so kuriert auch ein einjähriges Kraut seine Krankheiten behender als ein zwei-, drei-, vier- oder fünfjähriges. Daher gehören zu den alten Schäden und alten Krankheiten die jungen Kräuter und junge Arznei; und zu den neuen Schäden oder Krankheiten alte Kräuter und alte Arznei. Denn wo Altes mit Altem zusammenkommt, führt ein Blinder den andern, und sie fallen beide in die Grube.« (XI, 387)

Es gibt daher keine immerwährende Gültigkeit des Heilmittels: Was heute geholfen hat, wird morgen vielleicht ohne Wirkung bleiben, da die Zeit sich geändert hat, da die Krankheit in ein anderes Stadium getreten ist, weil der Himmel jedenfalls nicht mehr gleich ist. Nur der irregeleitete Arzt kann dies übersehen und wähnen, die Beziehung zwischen einer bestimmten Arznei und einer bestimmten Krankheit sei ein für allemal festgelegt (VIII, 174).

Paracelsus verlangt also eine andere Einsicht in die Dinge, eine Einsicht, die nicht allein die medizinische Praxis legitimiert, sondern dem Geist eine neue, herrliche Klarheit in der Heilkunst verleiht und das hohe Ideal des ärztlichen Auftrages enthüllt. Was in bezug auf das Heilmittel, den Arzt, die Krankheit usw. gesagt wurde, bildet ein zusammenhängendes Ganzes, das letztlich in der Natur der Dinge selbst ruht, so wie Paracelsus sie wahrnimmt. Das Vertrauen darauf, die Dinge zu *sehen* (die Krankheit im Kranken, die Wirkkraft im Heilkraut, den Philosophen oder Alchimisten im Arzt), ist es auch, was Paracelsus im Vorwort zum Buch *Paragranum* derart unverträglich werden läßt. Er geißelt die Ärzte, die sich durch die Institutionen gerechtfertigt glauben, verdammt die Autoritäten, die es ermöglichen, Galen für den Fürsten der Medizin zu halten. Freilich sind es die blinden Ärzte, die um 1530 auf der Seite der Gewinner stehen, nicht Paracelsus.

Um so schärfer ist sein Bewußtsein ausgeprägt, sich auf dem richtigen Weg zu befinden. Mir sollt ihr folgen, nicht Galen! fordert er. Dies läßt sich zurückführen auf seine einzigartige Einschätzung der Heilkunst im Rahmen der Gesamtheit aller Künste. Ein Schmied kann ein Hufeisen anfertigen, wann immer er will: Er braucht dazu nicht die Geheimnisse der Natur auszuforschen. Ein Tischler kann ein Möbelstück schreinern, wann immer er will und wie er will: Er hat es nicht nötig, zunächst den Ratschluß Gottes in dieser Sache zu erfahren. Gleiches gilt für den Musiker, den Maler, den Architekten. Die Heilkunst dagegen befindet sich in der einzigartigen Lage, daß sie nicht ausgeübt werden kann, wenn der Arzt nicht die Natur versteht, wenn er nicht die Bestimmung der Heilkräuter oder Metalle entdeckt, wenn er nicht den Stand der Sterne und ihren Einfluß auf diese Krankheit oder jenen Kranken kennt, wenn er nicht weiß, ob die Genesung des Kranken Gottes Willen entspreche – kurz gesagt: wenn nicht die Handlung des Arztes sich in die Ordnung der Welt einfüge (II, 112). Keine andere Kunst kommt ihr gleich.

Panoptikum der Paracelsus-Porträts:
Es gibt eine ganze Reihe von Bildnissen, die als Porträts des sagenumwobenen Arztes gelten oder gegolten haben. Nur zwei Stiche von Augustin Hirschvogel aber sind mit verläßlicher Sicherheit authentisch; die anderen Darstellungen gehen zum Teil auf diese beiden frühen Werke zurück, zum andern Teil wurden sie wohl frei erfunden oder erst von späteren Beobachtern zu Paracelsus-Bildnissen erklärt.

Links oben: Kupferstich von Wenzel Hollar (?), 1627. Rechts oben: Hans Holbein d. J.: »Der Mann mit dem Schlapphut«, um 1528. Links: Kupferstich von F. Chauveau, 1658.

Stich von Augustin Hirschvogel, 1538.

Zweiter Stich von Augustin Hirschvogel, 1540.

Links: Marmormedaillon von Sepp Dobner im »Paracelsus-Hof« in Villach, 1943.

Rechts: Das Grabmal von Paracelsus in der Vorhalle der St.-Sebastians-Kirche; der untere Teil enthält die alte Grabplatte.

Für Paracelsus ist der Arzt der Inbegriff des vollkommenen Menschen, der die Natur in ihren Wundern und Mysterien am besten kennt. Diese Abbildung aus einer Handschrift des 13. Jahrhunderts zeigt, wie der Arzt (Mitte) die geheimnisvolle Heilpflanze Moly aus den Händen des Gottes Hermes (rechts) und Homers (links) empfängt.

Anstoß zum Weiterdenken

Plädoyer für eine geduldige Lektüre

Auf den vorangehenden Seiten haben wir nach der grundlegenden Anschauung des so vielgestaltigen und überladenen Werkes von Paracelsus geforscht. Von verschiedenen Seiten her versuchten wir das Ziel anzugehen, ein Verständnisprinzip aufzudecken, das dem heutigen Leser den Zugang ermöglicht zu dem unübersichtlichen, aus vielen Einzelstücken zusammengesetzten und unbestreitbar verwirrlichen Textkorpus. Bei unserer spiralförmigen Annäherung bedienten wir uns meist der von Paracelsus selbst verwendeten Begriffe, die durch zunehmende Differenzierung schließlich alle auf einen gleichen fernen Horizont hinwiesen (den letzten, nie erreichten Grund).

Diese Annäherung verlief im zweiten Teil auf der Ebene der Prinzipien, d. h. der grundlegenden unmittelbaren Einsichten, im dritten Teil konkreter nach Sektoren geordnet, in welchen das Denken von Paracelsus sich vorzugsweise bewegt. Zweifellos wäre es interessant gewesen, die Forschung noch weiter voranzutreiben und auch jene Schriften von Paracelsus miteinzubeziehen, in denen er vom gesellschaftlichen Leben, von ethischen oder theologischen Fragen handelt. Leider harren die entsprechenden Texte noch stets der vollständigen Veröffentlichung. Paracelsus greift darin die verschiedensten Themen auf: Todesstrafe, Krieg, Armut und Reichtum, Heiligung des Sonntags, Ehe und Kindererziehung, gesellschaftliche Ungerechtigkeit, Besitz, Konfessionsstreitigkeiten, Buße. Zwar kommt diesen Abhandlungen nicht das gleiche Gewicht zu wie den Schriften über die Natur; sie sind aber auch nicht von gleicher Originalität. Jedenfalls aber lassen die bereits veröffentlichten Texte hie und da – neben teils nicht gerade neuartigen Ansichten – auf Querverbindungen zu seiner Naturphilosophie schließen, wenn man bloß ein wenig von der obersten Ebene der behandelten Themen abrückt, um sie nach ihrem Grund hin auszuleuchten.

Ausgespart blieben in all den vorangegangenen Kapiteln die tausend Anekdoten und Anekdötchen, die gewöhnlich von Buch zu

»Alle Dinge haben ihre Zeit, wie lange sie bestehen sollen,
sei es zum Guten oder zum Schlechten.« IX, 98
»Ihr habt damit eure Einfalt angezeigt, daß ihr nicht versteht,
(…) wohinTheophrastus prädestiniert ist.« VIII, 44

Buch wiederholt und weitergereicht werden, um das Leben und Wirken des außergewöhnlichen Arztes zu illustrieren. Doch liegt das Wesentliche wahrscheinlich nicht in den Taten und Geschehnissen, die oft genug bloß der Einbildungskraft des Volksglaubens entsprungen sein mögen. Es schien eher geraten, auf verschiedenen Pfaden den wesentlichen Anschauungen von Paracelsus nachzuspüren und dafür zu sorgen, daß seine Äußerungen den Leser nicht in die Irre führen.

Tatsächlich könnte zum Beispiel in den *Kommentaren zu den Aphorismen des Hippokrates* (IV, 491–546) eine gleiche Aussage bei Hippokrates und Paracelsus glauben machen, diese beiden großen Mediziner hätten die gleiche Sichtweise vertreten. Dem ist jedoch durchaus nicht so: Die Identität der Formel erlaubt noch nicht, auch auf eine Identität der Anschauung zu schließen. Bei der Annäherung an Paracelsus ist aus diesem Grund stete Vorsicht geboten. Betrachten wir den berühmten Eid des antiken Arztes, der sich als Topos durch die ganze Medizingeschichte zieht, wiederaufgegriffen, angepaßt, neu formuliert wird und so die Entwicklung der Medizin dokumentiert: Der Vergleich zwischen dem alten *orkos* und dem paracelsischen *jusjurandum* brächte gewiß auch Identisches zutage – doch welche Bedeutung verbirgt sich unter der Identität? »Omnuo« zu sagen oder »Das gelobe ich« mag gleich scheinen, doch muß man alsbald auch fragen, vor wem geschworen wird, weshalb, wie und von wem. Paracelsus leistet den Eid nicht vor Apollo, nicht in derselben Weise und nicht mit denselben Gründen wie sein berühmter Vorfahre. Und während der hippokratische Eid eigentlich nur negativ (prohibitiv) ausschließt, was der Arzt nicht tun soll, stellt Paracelsus auch positive Forderungen; und wir wissen nicht, weshalb hier das erstaunliche Gebot formuliert wird, die Heilkunst unermüdlich zu vervollkommnen. Es ist, als leiste sich die Medizin hier selbst den Eid. Solche Fragen können nur erhellt werden, wenn wir auf die Ursprünge der beiden Texte zurückgehen und sie auf ihre Funktionsweise hin befragen. Erst dann können wir darin die verschiedenen Momente einer geschichtlichen Abfolge erkennen. Es sind zwei verschiedene Welten, und sie bezeichnen zwei charakteristische Etappen im Werden der Medizin.

Büste des griechischen Arztes Hippokrates, des »Vaters der Medizin« (5. Jahrhundert v. Chr.).

Ein anderes Beispiel wird uns bestätigen. Im zweiten und im 17. Aphorismus verlangt Hippokrates, man solle den Jahreszeiten, dem Ort, dem Alter Rechnung tragen. Auch im zwölften, im 15. und im 18. Aphorismus ist von der Jahreszeit die Rede. Paracelsus vermerkt und kommentiert mit Wohlgefallen diese Beobachtungen, die zu Recht als eine typische Neuerung der hippokratischen Praxis gelten.

Doch auch hier bedeutet es nicht, daß Paracelsus die gleiche Anschauung hätte wie Hippokrates, selbst wenn er ihm zustimmt. Für Paracelsus verbindet sich der Hinweis auf die Jahreszeiten sogleich mit der Idee des tieferen Reifens aller natürlichen Dinge, mit den astronomischen Einflüssen, mit der Vorstellung der Entsprechung zwischen Makrokosmos und Mikrokosmos. Er denkt an so neuartige und geheime Beziehungen, daß es wahrlich ein Mißgriff wäre, in ihnen – wie Hippokrates es tut – bloße Faktoren zu sehen, die bei der Heilmittelbereitung in Erwägung zu ziehen sind. Die Jahreszeit sei in der Krankheit wie die Seele im Menschen oder die Tugend im Heilkraut, meint Paracelsus. Deshalb muß der Arzt ein wachsamer Gestirnskundiger sein. Was die Krankheiten wie die Heilmittel mit der Jahreszeit verbindet, besteht nicht in äußerlicher Kausalitätsbeziehung, sondern in einer umfassenden Bewegung wechselseitiger Zugehörigkeit.

Weitere Beispiele ließen sich aufführen in den Kommentaren zum vierten und zum elften Aphorismus, wo von der Diät, d. h. der Leitung und Regulierung der Körpersäfte, die Rede ist. Hippokrates schreibt, daß die Behandlung nicht immer den gewünschten Erfolg zeige. Paracelsus stimmt zu, fügt aber gleich die Bemerkung an, daß die Rolle der Diät allein rein negativ sei und keine Heilung bewirke. Sie verhelfe nur dazu, besser auf die Natur einzuwirken. In Wirklichkeit müsse man andersherum die Nahrung selbst als Arznei einsetzen (aufgrund der Tugenden, die sie enthält) und gezielt eingreifen; dafür sei es notwendig, die Krankheiten in ihrer spezifischen Vielfalt zu kennen, um das genau passende Heilmittel zu entdecken.

Dieselbe Vorsicht muß man walten lassen im Hinblick auf die Begriffe des Rationalen und des Irrationalen, die in den Kommentaren von Paracelsus nur allzu häufig auftauchen. Wir betonen noch einmal, daß der logische Widerspruch auf ihn keine Wirkung ausübt; Paracelsus tritt auf die Ebene der Repräsentation schon gar nicht ein, sondern spricht von etwas Fernerem. Die scholastischen Philosophen hatten Glauben und Vernunft zu versöhnen versucht und bewegten sich damit bereits im Vorzimmer der Aufklärung, wo sich der Rationalismus ankündigt. Paracelsus kennt in seiner Suche nach der kreativen unmittelbaren Einsicht die Trennung zwischen Rationalem und Irrationalem nicht – er sucht nicht einmal nach einem widerspruchsfreien Bild der Welt. Sein Text ist daher reicher, als wir es sagen können, wenn wir ihn in unsere Syntax, unsere Logik und unsere Vorstellungen übertragen. Es genügt bereits, zu sehen, wie Übersetzungen ins Lateinische oder Hochdeutsche seinen Text verflachen und was sie ihm an lebender Kraft entziehen.

Die paracelsische Aufforderung

Wenn man die Vielgestaltigkeit und den Umfang des Werkes von Paracelsus in Erwägung zieht, kann man sagen, daß er eine gewaltige Anstrengung vollbrachte, um dem gesamten Wissen und Denken seiner Zeit die Stirn zu bieten. Er untersuchte alles vorurteilslos, schied nichts von vornherein aus, griff volkstümliche Praktiken, empirisch belegte Erfahrungen, Glauben, Überlieferungen und Philosophien gleicherweise auf. Er bemühte sich, dem Konglomerat eine neue Einsichtigkeit und Verständlichkeit zu schaffen. Er wies die Astrologie nicht zurück, hat aber eine klare Scheidelinie gezogen; er wies die Alchimie nicht zurück, hat aber ihren Sinn neu und tiefer

»Kunst und Werkschaft müssen aus der Liebe entspringen; sonst ist nichts Vollkommenes da.« XI, 146
»Wer nichts weiß, liebt nichts; wer nichts kann, versteht nichts; wer zu nichts gut ist, der soll nichts. Wer aber versteht, der liebt es, der merkt es, der sieht es.« XI, 207

verankert; er wies die Magie nicht zurück, hat aber das Falsche vom Echten abgegrenzt.

Wo er zurückweist, tut er es aufgrund seiner neuartigen, selbstbestimmten Einsicht; sie erlaubt ihm aufzunehmen, was scholastischer Rationalismus und Gelehrsamkeit verworfen hatten und was auch spätere Rationalismen wieder verwerfen sollten. Diese Offenheit hat manchen Leser verwirrt. Die Lehren von Paracelsus sind jedoch nur richtig einzuschätzen, wenn man gleichzeitig den Boden freilegt, dem sie entsprossen, in dem sie verwurzelt sind. Ein anschauliches Beispiel bieten die Sylphen und Gnome, die so manchen Kommentator fehlgeleitet haben oder von anderen für bloße Schlacken oder Verunreinigungen innerhalb von Paracelsus' Denksystem gehalten wurden. In der Logik seines Wirklichkeitsverständnisses sind es jedoch ganz einfach elementare Wesen, das heißt Lebewesen, die aus einem einzigen Element (Feuer, Wasser, Erde oder Luft) bestehen. Der Mensch ist ein »Extrakt« des Makrokosmos und eine Mischung aus *allen* Elementen; die Undine dagegen ist einzig aus Wasser gebildet. Zudem wurde er Mensch vom göttlichen Atem angehaucht, was ihm Unsterblichkeit sichert, ein Vorrecht, das den Elementarwesen abgeht. Der Salamander kehrt nach flüchtiger Existenz wieder in sein Element (Feuer) zurück und wird von ihm verzehrt. Allerdings ist das Element nicht mit dem Feuer gleichzusetzen, das ich mit meinen Augen erblicke; es ist das Vermögen, das in diesem wirksam ist und mit allem in Verbindung steht, was anderswo ebenfalls an diesem Vermögen teilhat.

Eine neue Anschauung also, welche die Logik und alle Dinge in ein neues Licht stellt. Die Beziehung Makrokosmos – Mikrokosmos gehört in diesen Zusammenhang, ebenso die Theorie der Entsprechungen oder der Auftrag der Alchimie. Für das Gesamte verkörpert die Imagination jenes kreative Vermögen, das Geburt, Wachstum und Werden aller Naturwesen leitet. Sie eröffnet uns die Möglichkeit, uns einzupassen, und sie ermöglicht der Natur, zur Kenntnis ihrer selbst zu kommen. Zu diesem Zwecke ist es an uns, immer wieder von neuem dieses Sehen ohne wahrhaftiges Gegenüber an-

»Ich habe mir vorgenommen, die Hauptbücher des natürlichen Lichtes zu verfassen, auf daß ihr sehet, wo die Schule der Philosophie liegt und wie die rechten Bücher gesucht werden sollen.« (XI, 164)

zustreben. Das Licht erhellt keinen sichtbaren Gegenstand, sondern vereinigt das Sichtbare und das Unsichtbare und macht so das Seiende offenbar als Moment eines umgreifenderen Waltens, das uns verborgen bleibt durch die reaktionären Kräfte der Gewohnheit, der Einrichtungen, der geronnenen Wörter und Bilder. Die Imagination, dieses magische Vermögen, bewirkt das bilderlose Sehen und sichert uns die tätige Mitwirkung mit dem, was von geheimnisvollem Grund her in der Welt arbeitet.

Paracelsus stellt in der Entwicklung des westlichen Denkens eine epochale Etappe dar: Er entwirft eine einzigartige Episteme. Er hat sich geschichtlich jedoch nicht durchsetzen können. Descartes bestimmt uns noch heute Tag für Tag und beherrscht das Terrain, so daß Paracelsus gar von seinen glühendsten Bewunderern nicht mehr verstanden wurde: Die deutschen Denker der Romantik, die ihn zitierten und sich von ihm anregen ließen, waren schon zu sehr vom Triumph der Subjektivität zu Beginn der Neuzeit gezeichnet. Ihre Auffassungen von Genialität, von Expressivität, von Originalität und Magie führten sie zu einer grundsätzlich anders inspirierten Lehre.

Wenn die paracelsische Aufforderung schwierig zu erkennen ist, dann nicht allein, weil uns nichts im modernen Denken darauf vorbereitet. Zusätzlich beraubt und verarmt uns die aus diesem Denken resultierende Welt, in der wir heute leben, die uns heftig und unaufhörlich mit Informationen überschüttet; sie entzieht uns die wahren Bilder, indem sie uns Rechtwinkligkeit und Maschinen vorhält, ontologisch arme Produkte, dem Rationalismus der Repräsentation entsprungen. Dem von Gestalten und Wesen überquellenden Naturschauspiel, das die Imagination von Paracelsus belebte, sind wir unendlich ferngerückt. Es sprach ihn in ganz anderer Weise an, als es uns heute unsere betonierten Räume tun.

Paracelsus wollte einer neuen Epiphanie, einer Anschauung zum Durchbruch verhelfen, welche die Vervollkommnung unseres astralen Wesens, unserer ganzen unsichtbaren Dimension offenbart. Zur Entfaltung kann es nur kommen im innigen Verbund mit dem, was uns trägt und gleichzeitig über uns hinausgeht, mit dem, was Para-

Symbolisch-alchimistische Darstellung des »Steins der Weisen« (aus dem »Rosarium Philosophorum«). Die lateinische Umschrift erinnert den Alchimisten daran, daß der Läuterungsprozeß der Materie auch als Vervollkommnung des Eingeweihten verstanden werden will.

celsus mit dem Begriff »Natur« umfaßt. Diese mütterliche, nährende Natur will den Menschen in einen neuen Stand versetzen inmitten der schwankend gewordenen Welt des Mittelalters und der bedrohlichen Unsicherheit. Es ist dies ein neuartiges, originales Gleis. Paracelsus war tatsächlich kein Humanist wie andere. Er zählt darauf, in der stets beschworenen, mit Bestimmungen überhäuften Natur einen festen Ankerplatz zu finden für die in Verwirrung geratenen Geister. Sein Vorgehen führt auf diese geheimnisvolle Realität zu, die alles Seiende in ein neues Licht setzt und doch selbst kein Seiendes ist.

Der Text

Wir haben schon früher festgehalten, daß eigentlich der einzige verläßliche Zugang zu Paracelsus, wenn man den Wust von Sagen und Vorurteilen umgehen will, in einer strikten Rückwendung zum Text bestehen muß – zu den Texten zumal, deren Echtheit gesichert ist.

Das soll nicht heißen, daß die Legenden, die Stellungnahmen, die Schwärmereien und die Ablehnungen nicht eine regelgerechte soziologische Studie lohnten; eine solche vornehmlich ideengeschichtlich orientierte Rezeptionsforschung würde aber bestimmt mehr über die historischen Epochen mit ihren Phantasien und Wünschen zutage bringen als über Paracelsus selbst.

Da nun der Zugang über die Texte gewählt werden soll: Welche sind hier zu nennen? Einige wenige Schriften (16 im ganzen, darunter die »Große Wundarznei« und »Von der Franzosenkrankheit«) erschienen noch zu Lebzeiten von Paracelsus im Druck, an ihrer Echtheit ist nicht zu zweifeln. Doch bei der großen Mehrzahl der

Schriften wurde die Publikation verhindert, da der Nonkonformismus des Autors die Feindseligkeit der etablierten Wissenschaft heraufbeschwor.

Nach Paracelsus' Tod erschienen zwischen 1553 und 1589 vereinzelte Abhandlungen, herausgegeben von treuen Parteigängern wie Michael Toxites, Adam von Bodenstein, Gerhard Dorn, Theodor Birckmann. Der Arzt Johannes Huser war der erste, der im Auftrag des Erzbischofs von Köln alle Texte, deren er habhaft werden konnte, in einer Gesamtausgabe zusammenstellte. Diese Ausgabe, 1589–1591, ein halbes Jahrhundert nach Paracelsus' Tod, in Basel erschienen, umfaßte zehn Bände (4800 Seiten in Quartformat) und enthielt den Großteil der medizinischen und naturphilosophischen Schriften. Zwölf Jahre später erschien in Straßburg eine Neuausgabe, vermehrt um die Abhandlungen zur Chirurgie (1605); eine zweite Auflage folgte 1618.

Das unschätzbare Verdienst der Ausgabe von Johannes Huser liegt darin, daß sie zu großen Stücken nach eigenhändigen Manuskripten von Paracelsus erstellt wurde – heute liegen leider keine Autographen mehr vor!

Nach Huser unternahm niemand mehr den Versuch einer Paracelsus-Gesamtausgabe bis zu Karl Sudhoff (1853–1938). Sudhoff, gelehrter Arzt und Medizinhistoriker, widmete sein ganzes Leben der Erforschung des Gesamtwerkes von Paracelsus; er verglich Editionen, sammelte Kopien und sichtete kritisch die gewonnenen Informationen. Er versah die aufgenommenen Texte mit einem beachtlichen kritischen Apparat, welcher Varianten anderer Ausgaben und zweifelhafte Begriffe verzeichnet und die Schriften nach ihrer wahrscheinlichen Echtheit beurteilt.

Diese vierzehnbändige Ausgabe mit insgesamt 7400 Seiten ist heute grundlegend. Sie respektiert den Text des Autors; die Schreibweise ist nach im ersten Band klar dargestellten Richtlinien vereinheitlicht und vereinfacht. Echtes wird nach Möglichkeit von Unechtem unterschieden. Sudhoffs Ausgabe erschien zwischen 1922 und 1933 bei R. Oldenbourg in München und Berlin unter dem Titel: »Theophrast von Hohenheim genannt Paracelsus: Sämtliche Werke, I. Abteilung: Medizinische, naturwissenschaftliche und philosophische Schriften«.

Auf diesem Quellenwerk beruhen alle modernen Paracelsus-Ausgaben, seien es nun Übertragungen ins Hochdeutsche oder ins Lateinische, seien es einzelne Schriften oder Anthologien oder offenkundig tendenziöse Ausgaben. Auch wir beziehen uns in den

Zitaten auf die Sudhoffsche Ausgabe: Die römische Ziffer gibt die Bandnummer (I–XIV), die arabische die Seitenzahl an.

Diese erste Abteilung der Gesamtausgabe, die im wesentlichen Schriften von Paracelsus zur Natur, zur Philosophie, zu Krankheit und Heilkunst umfaßt, wird ergänzt und fortgesetzt durch die Publikation der Schriften theologischen, politischen und gesellschaftlich-sozialen Inhalts. Dieser zweite Teil der Gesamtausgabe, der leider noch nicht abgeschlossen ist, erscheint bei F. Steiner in Wiesbaden unter dem Titel »Sämtliche Werke, II. Abteilung: Theologische und religionsphilosophische Schriften«; herausgegeben von Kurt Goldammer.

Hier folgen die Titel der wichtigsten Werke von Paracelsus in chronologischer Reihenfolge; sie dokumentieren die Entwicklung des unermüdlichen Schreibers.

1525 *Volumen medicinae Paramirum* (I, 163–239)
Herbarius (II, 1–57)
Von den natürlichen Dingen (II, 59–176)
Von den natürlichen Bädern (II, 225–260)
1526 *De Mineralibus* (III, 29–63)
Neun Bücher Archidoxis (III, 91–200)
De Vita longa (III, 247–292)
1527 *Deutsche Kommentare zu den Aphorismen des Hippokrates* (IV, 491–546)
1528 *Drei Bücher der Wundarznei* (VI, 39–165)
Von Blattern, Lähme, Beulen, Löchern und Zittrachten der Franzosen (VI, 301–479)
1529 *Vom Holz Guajaco* (VII, 51–66)
Vom Ursprung und Herkommen der Franzosen (VII, 183–366)
Entwürfe und Ausarbeitungen zur Syphilis (VII, 413–454)
1530 *Paragranum* (VIII, 133–221)
Von den hinfallenden Siechtagen der Mutter (Hysterie) (VIII, 317–368)
1531 *Opus Paramirum* (IX, 37–230)
1532 *Die Bücher von den unsichtbaren Krankheiten* (IX, 249–350)
1533 *Von der Bergsucht und anderen Bergkrankheiten* (IX, 461–544)
1535 *Von des Bades Pfäfers Tugenden* (XI, 639–659)
1536 *Bücher der Großen Wundarznei und chirurgische Bücher* (X, 7–546)
1537 *Das Buch von den tartarischen Krankheiten* (XI, 15–121)

1538 *Sieben Defensiones* (XI, 123–160)
Labyrinthus medicorum errantium (XI, 161–220)
Die 9 Bücher De Natura rerum (XI, 307–403)
Astronomia Magna oder die ganze Philosophia Sagax der großen und kleinen Welt (XII, 1–507)
15[...] *De Meteoris* (XIII, 125–286)
De Imaginibus (XIII, 359–386)
Philosophia magna (XIV, 1–377)

Anmerkungen

1 Tartarus, »tartarische Krankheiten«
Tartarus ist die pharmazeutische Bezeichnung für verschiedene Salze der Weinsäure (Weinstein). Deshalb nannte Paracelsus die auf Ablagerungen beruhenden Stoffwechselkrankheiten »tartarische Krankheiten« (Gallen-, Nieren- oder Harnsteinerkrankungen).

2 Repräsentation
Der aus dem Französischen übernommene Begriff deutet auf diejenige Einstellung hin, welche die Philosophie mit und nach Descartes einnimmt und das Weltganze wesentlich als *Vorstellung* begreift – ganz im Gegensatz zu Hohenheims Anschauung der Dinge.

3 Epiphanie
bezeichnet vor allem die *Offenbarung*, die *Manifestation*, in welcher die Natur sich dem Menschen kundgibt, ihm erscheint.

4 Matrix
Die Gebärmutter. In der spekulativen Naturphilosophie bezeichnet der Begriff meist eine Funktion der Gestaltung beziehungsweise der Urgestaltung.

5 Arkanum
Hochwirksames, geheimes Heilmittel.

6 Episteme
bezeichnet das in einem gegebenen Zeitabschnitt verfügbare Wissen in seiner spezifischen Gliederung. Dieser besondere Aufbau gehört jedesmal auch zum Merkzeichen derselben Epoche.

7 Mathesis universalis
Allgemeine Wissenschaft. Bezeichnung für eine »Universalwissenschaft« im Sinne einer alle Einzelwissenschaften übergreifenden Einheitswissenschaft, welche kontrollierbare Ableitungen und Begründungen prinzipiell aller wissenschaftlichen Sätze liefern soll.

8 Chiromantia
Die Kunst, aus Form und Linien der Hand wahrzusagen.

9 Nigromantia
Schwarzkunst, Magie, insbesondere die Art des Wahrsagens durch Heraufbeschwören und Befragen von Toten.

10 Divinatio
Die Ahnung künftiger Ereignisse, höhere Eingebung, Sehergabe.

11 Scammonea
Eine Windenart, die im östlichen Mittelmeerraum wächst und zu Heilzwecken Verwendung findet.

12 Aletheia
bezeichnet eine zeitgenössische Auffassung der Wahrheit als »sich offenba-

ren«, »sich darbieten«, im Gegensatz zur logischen Wahrheit, zur Wahrheit als Urteilsmodus.

13 Logos und nomos
Logos bezeichnet vor allem das Wort, den Ausdruck ermöglichenden Satz. Nomos hingegen bedeutet Gesetz, Ordnung, positive Bestimmung.

14 Quadrivium
Die sieben freien Künste, die im Mittelalter das gesamte klassische Bildungsgut umfaßten, wurden unterteilt in *Trivium* (Grammatik, Rhetorik und Dialektik) und *Quadrivium* (Arithmetik, Geometrie, Astronomie und Musik). Aus den sieben Künsten bestand das Grundstudium an den Universitäten.

15 Terpentin
Das Terpentin wurde aus dem Harz der Lärche *(pistacia terebinthus)* gewonnen.

16 Limus mundi
Der Erdenlehm, aus dem Gott den Menschen schuf. Bei Paracelsus die Bezeichnung für den Lebensgrundstoff, einen Auszug aus den vier Elementen.

17 Humoralpathologie
Auf die Antike zurückgehende medizinische Lehre von den vier Körpersäften (*humores:* Blut, Schleim, gelbe und schwarze Galle). Ihre rechte Mischung bedeutete Gesundheit, ihr Ungleichgewicht dagegen Krankheit.

18 Imagination
Das mehrdeutige französische *imagination* bezeichnet sowohl die Tätigkeit des Einbildens und Vorstellens wie auch das Produkt: das Bild, die Vorstellung selbst.

19 Antimon
Chemisches Element, weißes, sprödes Halbmetall.

20 Dynamismus
Naturphilosophische Deutung der Materie wesentlich als Erscheinung von Kräften.

21 Vitriol
Schwefelsaures Salz von Schwermetallen.

22 Alaun
Doppelsalze, v. a. das farblose Kaliumaluminiumsulfat, das zum Färben, Gerben, zum Ätzen und Blutstillen verwendet wurde.

23 Arsenik
Verbindung des Halbmetalls Arsen mit Sauerstoff; hochgiftiges weißes Pulver. Paracelsus verwendet den Begriff als Sammelbezeichnung für verschiedene Arsenverbindungen.

24 Spagyrik
Bezeichnung für auf chemische Wirkstoffe gegründete Medizin.

Personenverzeichnis

Agricola Georg Bauer, genannt Agricola, wurde 1494 in Sachsen geboren. Nach vielfältigen Studien erwarb er während eines zweijährigen Italienaufenthaltes den Doktortitel und ließ sich als Arzt in der bedeutenden Bergwerksregion von Joachimsthal nieder. Auch nach seiner Übersiedlung nach Chemnitz, wo er als Stadtphysikus und Bürgermeister wirkte, beschäftigte er sich weiterhin mit der Bergbaukunde. Er veröffentlichte mehrere Traktate zur physikalischen Geologie und Mineralogie. 1555 starb er in Chemnitz; ein Jahr später erschien erstmals sein für Bergbau- und Hüttenkunde grundlegendes Hauptwerk »De re metallica libri XII« im Druck.

Augustinus, Aurelius Der heilige Augustinus, abendländischer Kirchenvater, lebte zwischen 354 und 430. Er studierte und lehrte zunächst in Nordafrika, ab 383 weilte er in Rom und Mailand, wo er sich taufen ließ und zu einem glühenden Bekenner des Christentums wurde. 391 empfing er in Hippo (heute Annaba in Algerien) die Priesterweihe, 396 folgte die Erhebung zum Bischof. Die Bedeutung von Augustinus' Schriften für die christliche Theologie und Philosophie ist, durchs ganze Mittelalter und bis heute, kaum zu überschätzen.

Avicenna Der islamische Arzt und Philosoph Ibn Sina, genannt Avicenna (980–1037), lehrte in Isfahan. Mit seinen Werken und denen anderer arabischer Autoren kamen die europäischen Gelehrten meist durch die Vermittlung des maurisch besetzten Spanien in Kontakt. Avicennas ins Lateinische übersetzter »Canon medicinae« diente der abendländischen Heilkunde vom 12. bis zum 16. Jahrhundert als wissenschaftliche Grundlage und fand als maßgebliches Lehrbuch an den medizinischen Fakultäten Verwendung. (Möglicherweise handelte es sich bei dem von Paracelsus 1527 in Basel verbrannten Medizinlehrbuch um ebendieses Werk.)

(Bauer) s. Agricola

Beck, Leonhard Der süddeutsche Maler und Zeichner Leonhard Beck lebte zwischen circa 1480 und 1542 in Augsburg. Im Auftrag des deutschen Kaisers Maximilian fertigte er zahlreiche Entwürfe und Vorlagen zu Holzschnitt-Illustrationen an.

(Berg) s. Montanus

Birckmann, Theodor Theodor Birckmann stammte aus einer berühmten Buchhändler- und Buchdruckerfamilie in Köln. Nach dem Studium der Medizin wurde er ein bekannter Arzt. Er gab unter anderem auch paracelsische Schriften heraus. 1586 starb er im Alter von ungefähr 50 Jahren.

Bodenstein, Adam von Adam von Bodenstein, der Sohn des bekannten Luther-Mitstreiters und Reformators Andreas Karlstadt, wurde 1528 in Karlstadt geboren, kam mit seinem Vater 1534 nach Basel, wo er zum Arzt promoviert wurde. Als Professor der Medizin gab er zwischen 1560 und 1577 über 40 Werke von Paracelsus (oft erstmals) in Druck. 1575 verfaßte er gar ein spezielles Fachwörterbuch zum besseren Verständnis der paracelsischen Terminologie. Im Februar 1577 starb er in Basel an der Pest.

Brunfels, Otto Der 1499 in Mainz geborene Brunfels studierte Theologie und trat in den Karthäuserorden ein. Schon früh aber wandte er sich der lutherischen Glaubensauffassung zu, entzog sich dem Klosterleben und wirkte seit 1524 in Straßburg als evangelischer Prediger und Schulmann. Er war als hervorragender Pflanzenkenner berühmt und studierte schließlich noch Medizin. In Bern versah er das Amt des Stadtarztes bis zu seinem Tod im Jahre 1534. Für sein 1530 in Straßburg erschienenes Kräuterbuch »Herbarum vivae eicones« zeichnete Hans Weiditz ausnehmend schöne Illustrationen.

Bruno, Giordano Giordano Bruno kam 1548 in Nola bei Neapel zur Welt und trat jung in den Dominikanerorden ein. Als unsteter Wanderer zog er durch ganz Europa, von Univerrsität zu Universität, bis nach Paris und London. Zurück in Italien, wurde er von der Inquisition als Ketzer gefangengenommen. Die Kirche warf ihm pantheistische Irrlehren vor; er wurde mehrere Jahre eingesperrt und schließlich im Jahre 1600 in Rom zum Tod auf dem Scheiterhaufen verurteilt.

Brunschwig, Hieronymus Über Brunschwigs Leben ist wenig bekannt; er lebte ungefähr zwischen 1450 und 1512 in Straßburg, wo er als Wundarzt bezeugt ist. Wegweisende medizinische Frühdrucke gehören zu seinem Werk: eine grundlegende Arbeit über die Chirurgie (1497), ein Buch über die Pest, eine »Hausapotheke« und die ersten deutschen Destillierbücher »Liber de arte distillandi de simplicibus« und »Liber de arte distillandi de compositis« (gedruckt in Straßburg 1500 und 1512).

Dorn, Gerhard Genauere Lebensdaten von Dorn sind nicht bekannt. Er war Arzt und Alchimist in der zweiten Hälfte des 16. Jahrhunderts, lebte in Frankfurt, Basel und Straßburg. Er übersetzte verschiedene Werke von Paracelsus ins Lateinische, gab sie heraus und verfaßte, wie Adam von Bodenstein (dessen Schüler er war), ein Glossar dunkler paracelsischer Begriffe (»Dictionarium obscuriorum Theophrasti vocabulorum«, Frankfurt 1583).

Fouqué, Friedrich Baron Friedrich de la Motte-Fouqué wurde 1777 aus altadelig-hugenottischem Geschlecht geboren. Er diente als Leutnant und Rittmeister im preußischen Heer und nahm an mehreren Schlachten teil. Er verfaßte zahlreiche Erzählungen, Dramen und Gedichte; in rückwärtsgewandter romantischer Begeisterung verherrlichte er das germanische Altertum und die Ritterkultur des Mittelalters. Ab 1831 hielt er in Halle Privatvorlesungen über Poesie. Sein Kunstmärchen »Undine« stammt aus dem Jahre 1811; E.T.A. Hoffmann verwendete es 1816 als Vorlage zu einer Oper.

Froben, Johannes Johannes Froben, um 1460 in Franken geboren, eröffnete 1491 in Basel eine Druckerei. Zwischen 1515 und 1520 wurde er zu einem der wichtigsten Drucker des deutschen Sprachraums. Bei ihm wohnte Erasmus von Rotterdam während seines Basler Aufenthaltes 1521 bis 1529. Als Froben 1527 an einer gefährlichen Beinerkrankung litt und die örtlichen Ärzte nicht mehr weiterwußten, rief er Paracelsus aus Straßburg nach Basel. Paracelsus heilte sein Bein und schaffte sich damit viel Ruhm. Wenige Monate später aber starb Froben.

Fuchs, Leonhard Leonhard Fuchs (1501–1566), deutscher Arzt und Botaniker, zählt zu den bedeutendsten humanistischen Medizinern. Er war Professor in Ingolstadt, wurde aber als Protestant von da durch die Jesuiten vertrieben. Ab 1535 wirkte er bis zu seinem Tod 1566 in Tübingen. Für seine Verdienste wurde er von Kaiser Karl V. in den Adelsstand erhoben. 1542 erschien das für die Botanik bedeutsame Werk »De historia stirpium« in Basel im Druck, ein Jahr später auch in deutscher Übersetzung unter dem Titel »New Kreüterbuch«; es ist der erste Versuch einer umfassenden Beschreibung und Nomenklatur einheimischer Pflanzen.

Fugger Schwäbische Kaufmannsfamilie, seit dem 14. Jahrhundert in Augsburg ansässig. Um 1500 sicherten sich die Fugger durch geschickte Handelspolitik weltumspannenden Einfluß: Sie besaßen das Kupfermonopol, verfügten über zahlreiche andere Edelmetallminen, waren am ostindischen Gewürzhandel beteiligt. Als Bankiers von Päpsten und deutschen Kaisern hatten sie ihre Hände auch in der Reichspolitik. 1514 wurden die Fugger in den Reichsgrafenstand erhoben. Ihre Bedeutung als Stifter und Mäzene für Kunst und Kultur ist nicht zu unterschätzen.

Galen Claudius Galenus aus Pergamon lebte zwischen 129 und 199 nach Christus. Er studierte Philosophie, Mathematik und Medizin, u. a. in Alexandrien. Als praktizierender Arzt wirkte er in Pergamon und Rom. Er war schon zu seiner Zeit berühmt und diente als Leibarzt am römischen Kaiserhof. In seiner medizinischen Theorie griff er auf Hippokrates zurück und lehrte die Humoralpathologie. Seine Auffassung beherrschte – teils vergröbert und verzerrt – die Medizin des europäischen Mittelalters.

Hippokrates Über Person und Leben des Hippokrates, des berühmtesten Arztes der griechischen Antike, ist kaum etwas bekannt. Er muß zwischen 460 und 379 vor Christus gelebt haben. Er gilt als Begründer der Medizin als Erfahrungswissenschaft aufgrund unbefangener Beobachtung und Beschreibung. Durch die Vermittlung von Galen wurde die hippokratische Medizin zum Hauptfundament der Heilkunst bis in die Neuzeit hinein.

Huser, Johannes Huser wirkte als kurfürstlicher kölnischer Rat und paracelsistischer Arzt gegen Ende des 16. und Anfang des 17. Jahrhunderts. Unschätzbares Verdienst erwarb er sich durch die im Auftrag von Erzbischof und Kurfürst Ernst erstellte Ausgabe sämtlicher ihm zugänglicher Paracelsus-Werke (Basel 1589–1591).

Jonson, Ben Der englische Dichter Ben Jonson (1572–1637) verbrachte die meiste Zeit seines abenteuerlichen Lebens in London. Er arbeitete als Handwerker, zog als Soldat nach Flandern und wurde um 1600 auf dem Theater der große Gegenspieler Shakespeares. Als Autor von spöttischen, Sitten und Charakter schildernden Komödien erwarb er sich Ruhm; daneben verfaßte er auch Gedichte und Essays und übte beträchtlichen Einfluß auf die Literatur seiner Epoche aus.

Kolbenheyer, Guido Erwin Der 1878 in Budapest geborene Kolbenheyer wuchs in Karlsbad auf, studierte in Wien Philosophie, Psychologie und Naturwissenschaften. Den Plan einer Hochschullaufbahn gab er nach ersten literarischen Erfolgen auf und wurde 1919 freier Schriftsteller. Er erhielt zahlreiche Literaturpreise; seine Bücher erfreuten sich unter dem Hitler-Regime großer Beliebtheit. Als Vertreter völkisch-nationalsozialistischer Ideologie wurden ihm nach Kriegsende fünf Jahre Schreibverbot auferlegt. Kolbenheyer starb 1962 in München.

Montanus, Jakob Montanus, dessen Lebensdaten nicht bekannt sind (geboren in der zweiten Hälfte des 15. Jahrhunderts, gestorben circa 1535), stammte aus der Gegend von Speyer, war Schüler in Deventer und wurde in Westfalen Konventuale der »Brüder vom gemeinsamen Leben«. Er trat als Verfasser von grammatischen Lehrbüchern und als Dichter geistlicher Lieder hervor. Montanus und das Herforder Brüderhaus, wo er eine wichtige Position bekleidete, schlossen sich bereits um 1523 der lutherischen Bewegung an.

Penzoldt, Ernst Penzoldt (1892–1955) studierte an den Kunstakademien von Weimar und Kassel und wandte sich zunächst der bildenden Kunst, vor allem der Bildhauerei, zu. Erst in den zwanziger Jahren begann er als Schriftsteller zu publizieren und kam als Erzähler zu öffentlicher Anerkennung. Penzoldt lebte vorwiegend in München. Während des Nationalsozialismus schrieb Penzoldt weiterhin, ohne sich aber beim Regime anzubiedern. Auch nach dem Zweiten Weltkrieg blieb er ein populärer Autor.

Plinius Gaius Plinius Secundus wurde um 23 nach Christus in Como geboren, bei einem Vesuvausbruch des Jahres 79 kam er um. Das einzige von ihm erhaltene Werk ist die »Naturalis historia«, eine Art Enzyklopädie über alles, was man zur damaligen Zeit über die Natur wußte.

1500 Jahre lang war dieses Buch (neben Aristoteles) die Hauptquelle alles abendländischen naturwissenschaftlichen Wissens.

Pound, Ezra Der nordamerikanische Dichter, Kritiker, Herausgeber und Übersetzer Pound (1885–1972) siedelte nach dem Literaturstudium nach Europa über, wo er nacheinander in Italien, Spanien, Großbritannien und Frankreich Wohnsitz nahm. 1924 ließ er sich in Rapallo (Italien) nieder. Nach dem Zweiten Weltkrieg wurde er wegen faschistischer Äußerungen von den USA des Verrates angeklagt; er entzog sich dem Prozeß, indem er sich bis 1958 in eine Nervenklinik begab.
Die Gedichtsammlung »Personae/Masken«, in der »Paracelsu in Excelsis« enthalten ist, stammt aus dem Jahre 1909.

Rhazes
Der persische Arzt, Philosoph und Alchimist Rhazes lebte von 865 bis um 925. Er zählt zu den führenden Autoren der islamischen Medizin, verfaßte medizinische Handbücher und zahlreiche Monographien über einzelne Krankheiten. Viele seiner Werke wurden ins Lateinische übersetzt.

(Schütz) s. Toxites

Schwenckfeld, Caspar Der 1489 geborene Caspar Schwenckfeld stammte aus Niederschlesien, studierte – wahrscheinlich Jurisprudenz – in Köln und Frankfurt an der Oder und begab sich von 1511 bis 1523 in den Hofdienst beim Herzog von Liegnitz. Früh schloß er sich der Reformation an und verfaßte selbst zahlreiche theologische Schriften. 1525 aber kam es seiner spiritualistischen Auffassungen wegen zum Bruch mit Martin Luther wie auch mit Huldrych Zwingli. Anhänger Schwenckfelds in Oberdeutschland, am Niederrhein und in Ostpreußen schlossen sich zu kleinen Kreisen zusammen; der Einfluß seiner Lehre führte weiter bis in den Pietismus. Schwenckfeld starb 1561 in Ulm.

Toxites, Michael Michael Schütz, nach humanistischer Sitte latinisiert zu Toxites, wurde vermutlich um 1500 in Sterzingen geboren. Er studierte Medizin in Deutschland und Italien und wirkte als Stadtarzt in Hagenau im Elsaß. 1529 ernannte ihn Kaiser Karl V. zum *Poeta laureatus* und Ritter. Er betätigte sich zudem als Herausgeber von Schriften von Paracelsus und Raimundus Lullus. Das Todesdatum von Schütz ist nicht bekannt; jedenfalls war er 1574 noch am Leben.

Vesal, Andreas Andreas Vesal wurde als Sohn des Hofapothekers von Kaiser Karl V. 1514 in Brüssel geboren. Nach dem Studium der Medizin wurde er Professor der Chirurgie und Anatomie in Padua, später Leibarzt Karls V. und Philipps II. von Spanien. Er begründete die neuzeitliche Anatomie und das morphologische Denken der Medizin. Sein epochemachendes Werk »De humani corporis fabrica« erschien erstmals 1543 in der Druckerei eines Schülers von Paracelsus in Basel. Vesal starb 1564 auf dem Rückweg von einer Pilgerreise nach Jerusalem auf einer griechischen Insel.

Waltari, Mika Der finnische Romancier, Dramatiker und Lyriker Mika Toimi Waltari, geboren 1908 in Helsinki, studierte Theologie, Philosophie und Literaturgeschichte. Er arbeitete als Literaturkritiker und Redakteur, ab 1935 als freier Schriftsteller. Er starb im Jahre 1979.

Wilhelm v. Conches Der französische Scholastiker Wilhelm von Conches lebte ungefähr zwischen 1080 und 1150 und lehrte an der Schule von Chartres. Er verfaßte Kommentare zu antiken und frühchristlichen Philosophen, widmete sich aber auch den Naturwissenschaften, der Anatomie, der Physiologie und der Kosmologie. Er suchte nach einer rein physischen Erklärung des Lebens, kam dadurch in Konflikt mit der Auffassung der Kirche und widerrief seine Lehren.

Zeittafel

	PARACELSUS	ALLGEMEIN
	(Der Lebenslauf von Paracelsus bleibt über weite Strecken lückenhaft und unsicher, da verläßliche Dokumente fehlen. Zur Bibliographie der von ihm verfaßten Schriften s. S. 197)	
1492		Auf seiner ersten Entdeckungsfahrt stößt Christoph Kolumbus auf Kuba und Haiti.
Ende 1493/ Anfang 1494	Theophrastus Philippus Bombast von Hohenheim in Einsiedeln, geboren als Sohn einer Ortsansässigen und des aus Süddeutschland zugewanderten Arztes Wilhelm Bombast von Hohenheim.	
1498		Vasco da Gama entdeckt den Seeweg nach Ostindien. Die Entdeckungen ziehen bedeutsame Folgen für Wirtschaft und Handel, Politik und Kultur nach sich.
1499		Im Schwabenkrieg löst sich die Eidgenossenschaft vom Deutschen Reich. Schweizerische Söldnertruppen mischen sich in den folgenden Jahren in den Kampf zwischen Habsburg, Frankreich und den italienischen Staaten um die Herrschaft in Oberitalien ein.

	PARACELSUS	ALLGEMEIN
Um 1500	Der Vater übersiedelt mit dem Jungen – die Mutter ist wahrscheinlich zuvor gestorben – nach Villach in Kärnten, wo er 1502 das Amt eines Stadtarztes antritt. In Kärnten erhält Theophrast seine Grundausbildung in Klosterschulen und Laboratorien von Metallhütten und Bergwerken.	Peter Henlein erfindet die Taschenuhr.
1501		Basel und Schaffhausen treten dem Bund der Eidgenossen bei.
1510		Die Eidgenossen schließen ein Soldbündnis mit dem Papst.
Um 1510 bis 1515	Studien an verschiedenen Universitäten (darunter möglicherweise Wien und Bologna); Promotion zum Doktor der Medizin in Ferrara.	
1515		Die Niederlage bei Marignano gegen die Truppen des französischen Königs setzt der militärischen Großmachtpolitik der Schweiz ein Ende.
1516		Erasmus von Rotterdam gibt beim Buchdrucker Johannes Froben in Basel das Neue Testament im griechischen Urtext heraus, das Martin Luther als Grundlage zu seiner deutschen Bibelübersetzung dient.
Um 1516 bis 1524	Paracelsus durchstreift Europa kreuz und quer und nimmt als Wundarzt im Dienste verschiedener Heere an Kriegen teil.	

	PARACELSUS	ALLGEMEIN
1517		Luther stellt in Wittenberg 95 Thesen zum Ablaßhandel zur Diskussion.
1518		Ulrich Zwingli wird als Prediger ans Zürcher Großmünster berufen.
1519		Als Nachfolger des verstorbenen Maximilian I. wird Karl V. zum deutschen Kaiser gewählt. Seine Wahl wird finanziert durch das Handelsimperium der Familie Fugger. Karl V. regiert (mit Burgund, Spanien und den neuen Kolonien) ein Reich, in dem die Sonne nicht mehr untergeht. Leonardo da Vinci stirbt.
1519 bis 1521		Weltumsegelung von Fernao de Magalhães. Gleichzeitig unterwerfen spanische Eroberer in Mexiko das Aztekenreich.
1520		Martin Luther verfaßt grundlegende reformatorische Programmschriften.
1522		Der erste Teil von Luthers deutscher Bibelübersetzung wird gedruckt.
1523		Zürich bekennt sich zur Reformation Zwinglis.
1525	In Salzburg versucht Paracelsus, als praktizierender Arzt seßhaft zu werden. Er beginnt zu schreiben. Da er der Teilnahme an den aufrührerischen Bewegungen der Bauern verdächtigt wird, muß er der Stadt unter Zurücklassung seiner Habe den Rücken kehren.	Die wirtschaftlich, gesellschaftlich und religiös begründeten Erhebungen der Bauern enden mit dem blutigen Sieg der Territorialherren. Karl V. entscheidet den Krieg gegen Frankreich in der Schlacht bei Pavia zu seinen Gunsten.

	PARACELSUS	ALLGEMEIN
1526	Wanderung durch Süddeutschland nach Straßburg. Hier kauft er sich am 5. Dezember ins Bürgerrecht ein und wird Zunftmitglied.	
1527	Paracelsus heilt den weitberühmten Basler Buchdrucker Johannes Froben. Der Rat von Basel beruft ihn als Stadtarzt und Professor. Er gibt an der Universität das Programm seiner neuen Heilkunde bekannt, hält medizinische Vorlesungen auf deutsch und verbrennt am 24. Juni öffentlich ein Lehrbuch der scholastischen Medizin.	Rom wird durch kaiserliche Söldnertruppen erobert und geplündert.
1528	Streitigkeiten mit Kollegen, Apothekern und einflußreichen Persönlichkeiten eskalieren. Paracelsus entzieht sich der drohenden Verhaftung durch Flucht.	Bern und Basel wenden sich ebenfalls der Reformation zu. Tod Albrecht Dürers.
1529		Marburger Religionsgespräche: Die Einigung zwischen Lutheranern und Zwinglianern scheitert am Abendmahlstreit. Die Türken belagern Wien.
1529/30	Hohenheim zieht durch das Elsaß, durch Schwaben, Franken und Bayern, verfaßt zahlreiche medizinische wie theologische Schriften.	

	PARACELSUS	ALLGEMEIN
1530		Die deutschen evangelischen Fürsten schließen sich im Schmalkaldischen Bund gegen den Kaiser zusammen.
1531	Paracelsus verbringt mehrere Monate in St. Gallen, danach verliert sich seine Spur. Er beschäftigt sich während der folgenden Jahre intensiv mit religiösen Fragen.	Ein großer Komet versetzt die Bevölkerung Mitteleuropas in Angst und Schrecken. Im Zweiten Kappeler Krieg zwischen reformierten und katholischen Kantonen unterliegt Zürich; Zwingli kommt um.
1531 bis 1534		Eroberung des südamerikanischen Inkareiches durch den Spanier Francisco Pizarro.
1534	In Vorarlberg und Tirol, weiterhin unstet.	Ignatius von Loyola gründet den Jesuitenorden als Vorkämpfer der katholischen Kirche in der Gegenreformation.
1535	Aufenthalt in Bad Pfäfers.	Das sozialrevolutionäre Königreich der Wiedertäufer zu Münster in Westfalen wird gestürzt.
1536	In Ulm und Augsburg erscheint das größte zu Lebzeiten des Autors gedruckte medizinische Werk, die »Große Wundarznei«. Paracelsus wandert weiter nach Oberösterreich.	
1537	Er wird zur Behandlung des Erbmarschalls Johann von der Leipnik nach Mähren gerufen.	
1538/39	Paracelsus befindet sich in Kärnten; er besucht Villach (der Vater ist bereits gestorben). Er fühlt sich schwach und krank.	

	PARACELSUS	ALLGEMEIN
1540	Er läßt sich in Salzburg nieder.	
1541	Am 24. September, drei Tage nachdem er sein Testament aufgesetzt hat, stirbt Paracelsus und wird auf dem Armenfriedhof St. Sebastian beerdigt.	In Rom vollendet Michelangelo Buonarroti das Fresko »Das Jüngste Gericht« in der Sixtinischen Kapelle. Johannes Calvin führt in Genf eine streng protestantische Kirchenordnung ein.
1542		Das für die Botanik bedeutsame Pflanzenbuch »De historia stirpium« von Leonhard Fuchs erscheint in Basel.
1543		Im Todesjahr des Astronomen Nikolaus Kopernikus wird sein Hauptwerk »De revolutionibus orbium coelestium« gedruckt, welches das geozentrische Weltbild ablehnt. Im selben Jahr erscheint das für die moderne Anatomie grundlegende Buch »De humani corporis fabrica« von Andreas Vesal.
1545		Beginn des Konzils von Trient; die katholische Kirche leitet mit einer Reihe von Maßnahmen die Gegenreformation ein.

Bibliographie

Es gibt unzählige Werke und Studien über Paracelsus; einige davon aufzuführen auf Kosten der anderen böte eine bloß willkürliche Auswahl. Der interessierte Leser sei daher auf die »Paracelsus-Bibliographie 1932–1960« von Karl-Heinz Weimann verwiesen (Wiesbaden: F. Steiner 1963), wo er alle Titel und nützlichen Angaben methodisch geordnet vorfindet. Eine Fortsetzung dieser Bibliographie für die Jahre 1960 bis 1980, zusammengestellt von Rosemarie Dilg-Frank, findet sich in *Paracelse* (Cahiers de l'Hermétisme; Paris: Albin Michel 1980).

Bildnachweis

Archiv EMB: 11, 13, 42 r, 61, 69, 70, 93, 107, 109, 119, 128, 133, 135 r, 135 l, 141, 144, 147 l, 182, 188, 191
Bayerische Staatsbibliothek, München: 25
Betschart, Ildefons: Theophrastus Paracelsus. Bern 1953: 186, 187
Bibliothèque Nationale, Paris: 98, 105
Blaser, Robert-Henri: Paracelsus in Basel. Muttenz 1979: 47 l, 53
Faksimile Verlag, Luzern: 111, 139
Herzog-August-Bibliothek, Wolfenbüttel: 33, 47 u, 62, 63, 118, 147 r, 166, 167, 176, 177, 186
Kunstmuseum Basel: 43, 163, 186
Museum Carolino Augusteum, Salzburg: 15, 30
Museum Villach: 186
Österreichische Akademie der Wissenschaften, Institut für mittelalterliche Realienkunde, Krems: 73
Petrarca, Francesco: Von der Artzney bayder Glück. Augsburg 1532: 29 u, 123, 125
Saunders, J. and C. O'Malley: The illustrations from the works of Andreas Vesalius. Cleveland 1950: 161
Scala, Florenz: 89
Staatliche Museen, Berlin: 151
Staatsbibliothek Berlin: 114
Stiftsarchiv St. Gallen: 6, 8, 11, 31, 34, 75
Theophrastus Paracelsus: Lebendiges Erbe. Hg. v. J. Jacobi. Zürich 1942: 28, 55, 71, 82, 85, 91, 101, 137, 145, 168, 173, 195
Universitätsbibliothek Basel: 108, 149, 165, 175, 183
Zentralbibliothek Luzern: 27, 35, 54/55, 57, 63, 65, 72, 99, 168, 187
Zentralbibliothek Zürich: 10, 12, 23, 25, 29 o, 39, 40, 41, 42 l, 47 r, 52, 81, 103, 117, 121, 131